全国农业面源污染监测评估工作手册

生态环境部生态环境监测司
生态环境部卫星环境应用中心 编

中国环境出版集团·北京

图书在版编目（CIP）数据

全国农业面源污染监测评估工作手册 / 生态环境部
生态环境监测司，生态环境部卫星环境应用中心编.
北京 ：中国环境出版集团，2025. 5. -- ISBN 978-7
-5111-6245-8

Ⅰ. X501-62

中国国家版本馆CIP数据核字第2025J1U611号

责任编辑　曲　婷
封面设计　彭　杉

出版发行　中国环境出版集团
　　　　　（100062　北京市东城区广渠门内大街 16 号）
　　　　　网　　　址：http：//www.cesp.com.cn
　　　　　电子邮箱：bjgl@cesp.com.cn
　　　　　联系电话：010-67112765（编辑管理部）
　　　　　发行热线：010-67125803，010-67113405（传真）
印　　刷　北京中科印刷有限公司
经　　销　各地新华书店
版　　次　2025 年 5 月第 1 版
印　　次　2025 年 5 月第 1 次印刷
开　　本　787×1092　1/16
印　　张　13
字　　数　290 千字
定　　价　65.00 元

《全国农业面源污染监测评估工作手册》

编写指导委员会

主　任：蒋火华　吴季友

副主任：海　颖　杨一鹏

《全国农业面源污染监测评估工作手册》
编写委员会

主　编：董明丽　　高锋亮　　王雪蕾　　冯爱萍

副主编：黄柳韬　　王　玉　　陈华杰　　谢成玉　　黄　莉　　尹文杰

　　　　逯　颖　　李文君　　郝　新

编　委：（以姓氏笔画为序）

前　言

　　农业面源污染是指在种植业、养殖业生产和农村生活过程中，由于降水、融雪、灌溉等自然或人为因素的作用，导致氮、磷等污染物通过地表径流、地下渗漏等途径汇入水体，从而引发的水环境污染问题。作为影响我国水环境质量的重要因素之一，农业面源污染具有分散性、隐蔽性和滞后性等特点，其治理工作面临严峻挑战。

　　党中央、国务院高度重视农业面源污染防治工作，将其作为深入打好污染防治攻坚战和建设美丽中国的关键任务。《中共中央　国务院关于全面推进美丽中国建设的意见》明确要求要聚焦农业面源污染突出区域，强化系统治理。按照职责分工，生态环境部门切实履行监督指导职责，会同农业农村、发展改革等部门协同推进治理工作。在具体实施中，坚持监测先行的技术路线，2020年印发《生态环境监测规划纲要（2020—2035年）》，创新性地提出"以遥感监测为主、地面校验为辅"的技术路线，为农业面源污染监测工作指明了方向。本着试点示范逐步推广的大原则，基于长三角地区试点示范工作经验，2021年制定并印发了《全国农业面源污染监测评估实施方案（2022—2025年）》，推动各省（自治区、直辖市）逐步建立起天地协同、多级联动的综合监测评估体系，为全国范围内的监测工作奠定了坚实基础。

　　为进一步规范农业面源污染监测评估工作，提升各省（自治区、直辖市）农业面源污染监测业务水平，确保监测数据的准确性与可比性，生态环境部生态环境监测司组织生态环境部卫星环境应用中心编制了本手册。手册系统阐述了全国农业面源污染监测评估相关制度、技术方案，以及监测调查数据上报系统和评估软件的使用指南等内容，具有内容翔实、技术实操性强等特点，其内容兼具理论深度与实践价值，既为管理人员提供决策依据，也为技术人员提供标准化操作规范。

本手册的出版凝聚了全国生态环境系统、科研院所和一线监测人员的集体智慧。我们期待它能成为农业面源污染治理工作的实用工具，为提升农业面源污染监测能力、改善水环境质量提供有力支撑，最终为实现农业绿色发展和建设美丽中国作出积极贡献。

编写组

2024 年 12 月

目　录

上篇　政策文件

中篇　技术方案

下篇　系统使用手册

上 篇

政策文件

第 1 章

关于印发《全国农业面源污染监测评估实施方案（2022—2025 年）》的通知

（环办监测〔2022〕23 号）

各省、自治区、直辖市生态环境厅（局），新疆生产建设兵团生态环境局：

为深入贯彻习近平生态文明思想，落实党中央、国务院关于农业面源污染防治的指示精神，加快构建全国农业面源污染综合监测评估体系，我部组织编制了《全国农业面源污染监测评估实施方案（2022—2025 年）》。现印发给你们，请做好相关工作。

生态环境部办公厅

2022 年 9 月 24 日

全国农业面源污染监测评估实施方案
（2022—2025 年）

为深入贯彻习近平生态文明思想，落实习近平总书记"以钉钉子精神推进农业面源污染防治"重要指示精神，加快构建全国农业面源污染综合监测评估体系，稳步推进全国农业面源污染监测评估工作，根据《生态环境监测规划纲要（2020—2035 年）》，制定本实施方案，旨在指导各省（自治区、直辖市）和新疆生产建设兵团制定本行政区域2023—2025 年农业面源污染监测评估实施方案，构建监测网络和污染监测评估体系，并稳步开展工作。

一、总体要求

（一）指导思想

以习近平新时代中国特色社会主义思想为指导，全面贯彻党的十九大和十九届历次全会精神，深入贯彻习近平生态文明思想，立足新发展阶段，贯彻新发展理念，紧密围绕"十四五"生态环境保护重点工作，以农业面源污染防治、促进流域水质改善为核心，切实推进农业面源污染监测评估，为农业面源污染治理与监督指导提供支撑。

（二）基本原则

统筹谋划，分步实施。加强全国农业面源污染监测评估顶层设计，加快推进农业面源污染监测评估技术体系建设，明确目标，细化任务，落实分工，实施"一区一策"，因地制宜开展监测评估，逐步建成农业面源污染监测评估体系。

紧扣职能，支撑管理。贯彻落实"十四五"农业面源污染防治工作总要求，科学监测评估农业面源污染对水体水质的影响，支撑农业面源污染治理与监督指导工作。

突出重点，点面结合。从农业面源污染的分散性特征出发，重点选取污染问题突出的区域作为监测区，统筹兼顾区域污染源类型差异，在监测区内科学布设监测点位，实现点位监测与区域评估的结合。

厘清事权，补齐短板。从国家和地方两个层面开展工作，提高农业面源污染监测评估能力。国家指导地方制定本行政区域农业面源污染监测评估实施方案，培养专业技术队伍，尽快补齐短板。

（三）工作目标

2022年年底前，各省（区、市）和兵团制定本行政区域2023—2025年农业面源污染监测评估实施方案，完成监测点位布设。2023—2025年，各省份开展农业面源污染监测评估工作。到2025年年底，全国至少完成173个农业面源污染监测区的监测工作，相关监测区参考附件1；全国农业面源污染监测评估系统更加完善，省级农业面源污染监测能力和评估系统初步建立，基本形成天地协同、多级联动的全国农业面源污染综合监测评估体系。

二、主要任务

根据《国务院办公厅关于印发生态环境领域中央与地方财政事权和支出责任划分改革方案的通知》（国办发〔2020〕13号）"将土壤污染防治、农业农村污染防治、固体废物污染防治、化学品污染防治、地下水污染防治以及其他地方性大气和水污染防治，确认为地方财政事权，由地方承担支出责任，中央财政通过转移支付给予支持"的文件精神，农业面源污染监测评估工作为地方事权，国家负责顶层设计、技术指导和财政转移支付支持，各地负责具体实施。

国家层面：生态环境部生态环境监测司会同土壤生态环境司统一组织全国农业面源污染监测评估工作。生态环境部卫星环境应用中心（以下简称卫星中心）会同中国环境监测总站（以下简称监测总站）、生态环境部华南环境科学研究所（以下简称华南所）和生态环境部土壤与农业农村生态环境监管技术中心（以下简称土壤中心）为技术支持单位。卫星中心牵头指导各省份构建农业面源污染综合监测评估体系，建设并运行"国家农业面源污染监测评估系统"，编写国家农业面源污染监测评估报告，会同华南所选取验证流域开展农业面源污染监测评估示范，会同土壤中心制定省级农业面源污染监测评估报告编写规范。监测总站负责省级土地利用遥感监测和农业面源污染地面综合监测质量控制。

地方层面：各省（区、市）和兵团生态环境厅（局）负责本行政区域农业面源污染监测评估，明确各级工作职权，制定监测方案，构建监测网络，组织开展监测评估和质量监督，确保高质量完成监测评估任务。2023—2025年，各省份对附件1推荐的173个监测区，逐年组织开展监测工作，到2025年年底前完成全部监测区的监测，鼓励有条件的省份在此基础上拓展监测区范围和数量。

三、综合监测评估内容

农业面源污染监测评估的基本思路是"天地协同监测、模型评估核算",主要包括地面综合监测、卫星遥感监测、指标调查、监测评估,以及质量保证和质量控制。本方案根据各省份现有监测基础,按照"由易到难、逐步推进"的原则确定地面综合监测指标,以地表冲刷的氮磷营养盐类为主,但各省份可视实际情况增加农药、重金属以及地下径流污染等监测指标。基于监测结果,采用相关模型模拟技术完成农业面源污染监测评估工作。

(一)地面综合监测

各省(区、市)和兵团生态环境厅(局)负责组织本行政区域开展地面综合监测。

1. 监测区选取

以主要从事农业生产活动、农业面源污染问题突出的区域为重点,选取监测区的原则和方法如下:

(1)选取原则

1)功能叠加性原则:优先考虑化肥减量重点县、畜牧大县和"十四五"国家重点生态功能区县域,必须包含《关于同意开展农业面源污染治理与监督指导试点的通知》(环办土壤〔2021〕507号)中列出的试点地区。

2)单元独立性原则:选择相对独立或封闭的自然汇水单元,或相对独立的农田灌区/圩区,或集中连片种植区。

3)类型多样性原则:优先选取同时包括种植和养殖类型的单元;仅有种植类型的,优先选取同时包括大田作物和经济作物的单元;仅有养殖类型的,优先选取大型规模养殖场周边以及散养密集区域。

(2)选取方法

基于监测区的选取原则,根据土地利用、水系矢量、数字高程模型(DEM)数据、"十四五"国控断面对应汇水范围和已有水文站点位、地表水监测断面、畜禽和水产养殖点位等信息,采用空间叠加分析方法,确定监测区。

2. 监测点位布设

结合监测区特征分析和地面现场勘察,进行监测点位布设,包括监测区出入口监测点位布设和土壤监测点位布设。

(1)监测区出入口监测点位布设

基于各省份地表水环境质量监测网,结合农村环境质量监测网、土壤环境监测网和气象监测站网等,合理布设监测区出入口监测点位。尽量避开入河排污口,若监测区出入口点位上、下游 500 m 范围内有入河排污口，应同时开展入河排污口排水监测。

1）自然汇水单元出入口监测点位布设：在选取的自然汇水单元入口和出口分别设置 1 个入境点位和 1 个出境点位，入境点位用来反映水系进入自然汇水单元时的水质状况，应设置在尚未受到自然汇水单元农业面源污染影响且水系刚进入自然汇水单元的位置；出境点位用来反映自然汇水单元总体出口水质状况，应设置在自然汇水单元出口位置。

2）农田灌区/圩区或集中连片种植区点位布设：在选取的农田灌区/圩区或集中连片种植区的主要进水口和出水口（退水口）分别布设 1 个监测点位。

（2）监测区土壤监测点位布设

根据监测区面积确定土壤监测点位布设个数，若监测区面积小于 20 km^2，需至少布设 5 个土壤监测点位；若监测区面积超过 20 km^2，需至少布设 10 个土壤监测点位。根据土地利用类型特征，土壤监测点位至少应覆盖耕地、果园和菜地等地类，结合区域典型作物类型，可增加茶园和橡胶园等地类。参照《土壤环境监测技术规范》（HJ/T 166—2004）进行不同地类土壤监测点位布设。

各省（区、市）和兵团于 2022 年 10 月底前完成监测区初选和监测点位初步布设工作，并将相关材料报送卫星中心，由卫星中心组织专家进行论证。

3. 监测指标与频次

（1）监测区出入口地表水

在监测区出入口监测点位开展以下指标的同步监测。

1）监测指标

流量、水位、水面宽度、悬移质泥沙含量*；化学需氧量或高锰酸盐指数、总氮、氨氮、总磷、磷酸盐、可溶性磷酸盐、硝酸盐氮*、pH；降水量。

注：*为选测指标。

2）监测频次

降水量监测频次为日。其他指标每月监测 1 次，若全月水量均无法满足监测要求，需在地面综合监测数据报送时予以说明；汛期需加密监测，在场次降雨产流时进行，宜分别在产流初、中、末期至少各开展 1 次监测。

（2）入河排污口排水（如有）

对监测区出入口监测点位上、下游 500 m 范围内的入河排污口开展水量和水质同步监测，具备有效流量数据但无同步水质监测数据的，补充开展水质监测。

1）监测指标

污水量（日均流量×排污时间）、化学需氧量、总氮、氨氮、总磷、pH、水温、五日生化需氧量、挥发酚，以及所需特征污染物*。

注：*为选测指标。

2）监测频次

每月监测 1 期（与监测区出入口监测时间保持同步），每期监测不少于 1 天，采样频次不少于 2 次，间隔时间不少于 6 小时，应选择前 1 日无降水的时期进行监测。

（3）监测区土壤

针对耕地、果园和菜地等地类的土壤监测点位，需在作物收获后或播种施肥前完成土壤采样，并按照《土壤环境监测技术规范》（HJ/T 166—2004）执行，采集 0～20 cm 表层土壤样品，确保每个样品量不少于 1 kg。此外，对于监测区内存在林草水土流失较严重区域的，需补充林地和草地采样点。辽宁省、吉林省、黑龙江省和内蒙古自治区等地区在 4—5 月采样 1 次，其他地区在 7—9 月采样 1 次。

1）监测指标

全氮、全磷、pH、机械组成、有机质、有效磷*、氨氮*、亚硝酸盐氮*、硝酸盐氮*。

注：*为选测指标。

2）监测频次

全氮和全磷每年监测 1 次，pH 每 3 年监测 1 次，机械组成、有机质和选测指标每 5 年监测 1 次。

4．监测方法

降水量采用小型雨量站或小型气象站实现自动在线监测，也可共享气象部门的监测数据。监测区出入口点位的指标监测需保证同步性，首选自动在线监测，若不具备自动在线监测条件，可采用人工采样测试方式；若不具备同步监测条件，可采用遥感监测水量、水质的方式。推荐的地表水、入河排污口排水和土壤监测方法见附件 2，所有标准的最新版本（包括所有的修改单）适用于本方案。

（二）卫星遥感监测

1．土地利用遥感监测

监测总站和卫星中心负责开展土地利用遥感监测，并将监测结果分发至各省份。

（1）监测范围

包括省域和所确定的监测区。

（2）监测指标

省级尺度土地利用遥感监测指标执行附件 3 的土地利用覆盖分类体系，监测区在此基础上增加水浇地、果园、茶园、橡胶园和其他园地 5 项指标，所采用的遥感影像空间分辨率均不低于 2 m。

（3）监测频次

土地利用遥感监测每年开展 1 次。

2．植被覆盖度遥感监测

卫星中心负责开展植被覆盖度遥感监测，并将监测结果分发至各省份。

（1）监测范围

包括省域和所确定的监测区。

（2）监测要求

植被覆盖度遥感监测执行《卫星遥感影像植被覆盖度产品规范》（GB/T 41280—2022），结合卫星影像月度覆盖情况和监测区面积，可选择性采用空间分辨率为 250 m、30 m、16 m、2 m 的遥感影像。

（3）监测频次

植被覆盖度遥感监测每月开展 1 次。

（三）指标调查

各省（区、市）和兵团生态环境厅（局）负责组织本行政区域开展指标调查。

1．调查内容

（1）分县指标调查

各省份参考统计年鉴和普查资料等，每年开展上一年度农业面源污染相关分县指标调查，调查指标清单见附件 4，各省份可结合实际情况填报调查指标。此外，有条件的省份可增加调查内容，包括规模养殖场及规模以下养殖户数、畜禽养殖类型及养殖量。

各省份以县为单元，开展年度农业面源污染相关参数调查，调查指标包括农村（或城乡）生活垃圾无害化处理率、农村生活污水处理率、畜禽粪污综合利用率（或资源化利用率），每年开展上一年度的参数调查。若分县参数调查指标获取难度大，建议各省份以地市级行政区为单元获取相应指标。

（2）地块调查

各省份地块调查的范围为监测区内布设土壤监测点位的地块，包括耕地、果园、菜地、茶园和橡胶园等地类，地块调查指标包括地块面积、播种期及作物类型、施肥期及施肥量、灌溉期及灌溉量、收获期及作物产量等。

（3）水产养殖调查（选择性开展）

各省份可结合实际情况选择性开展水产养殖调查，调查指标包括水产养殖类型、养殖模式、养殖面积、苗种投放量、水产品产量、养殖增产量、污染物产生系数、污染物排放系数等。调查有无尾水处理设施、是否设置排污口。

2．调查频次

指标调查每年开展 1 次。

3．调查方法

（1）分县指标调查与地块调查

在统计、农业农村、市场监督管理等部门调查统计工作的基础上，可采用信息查询、专家咨询、入户调查和抽样调查等方式开展工作。

（2）水产养殖调查

参考全国污染源普查水产养殖业污染源产排污系数手册等材料，结合村委会问询、入户调查等方式，获取水产养殖调查指标数据。

（四）监测评估

1．评估方法

基于遥感分布式面源污染监测评估（DPeRS）模型算法开发了"国家农业面源污染监测评估系统"（详见附件 5），该系统基于地面综合监测、卫星遥感监测和指标调查等数据，可开展种植业、畜禽养殖业和农村生活等类型农业面源污染量评估，评估指标包括总氮、氨氮、总磷和化学需氧量农业面源污染排放量和入水体污染量。

各省（区、市）和兵团可采用"国家农业面源污染监测评估系统"开展省级尺度农业面源污染量评估，也可根据实际情况，结合农业面源污染治理与监督指导试点工作，选择其他适宜的模型方法开展农业面源污染量评估。

2．评估报告

农业面源污染监测评估工作每年开展 1 次，并完成监测评估报告，报告内容提纲见附件 6。

（五）质量保证和质量控制

1．地面综合监测

监测任务承担单位必须从机构、人员、仪器设备等方面加强质量保证和质量控制，确保监测数据真实、准确、可靠。省级生态环境管理部门汇总各任务承担单位的监测数据，开展质量监督并进行审核确认。国家采用交叉检查、质量抽查、数据审核等手段对监测过程开展质量控制。

样品采集、保存运输、分析测试和质量控制等严格按照《污水监测技术规范》（HJ 91.1—2019）、《地表水环境质量监测技术规范》（HJ 91.2—2022）、《地表水自动监测技术规范（试行）》（HJ 915—2017）、《水质　采样技术指导》（HJ 494—2009）、《水质　样品的保存和管理技术规定》（HJ 493—2009）、《环境水质监测质量保证手册》（第二版）、《国家土壤环境监测网质量体系文件》等开展监测全过程的质量保证和质量控制工作。

2．卫星遥感监测

监测任务承担单位必须严格按照指定的数据源、影像产品生产标准、空间参考标准、精度要求等，保障数据生产的一致性和可比性。影像获取要避免有条带的卫星影像，且云层覆盖应不超过 10%；影像处理的配准精度要求为山区平均 2～3 个像元，平原区平均 1 个像元以内；参照《遥感产品真实性检验导则》（GB/T 36296—2018）、《植被覆盖度遥感产品真实性检验》（GB/T 41282—2022）等开展遥感产品真实性检验，一级指标遥感解译精度不低于 90%，二级指标遥感解译精度不低于 85%；植被覆盖度监测精度不低于 85%。省级生态环境管理部门可通过野外核查的方式或利用无人机等更高分辨率影像对遥感监测结果进行精度验证。国家按照规定和程序开展质量控制工作。

3．指标调查

监测任务承担单位必须加强对调查资料的源头审核，确保数据源的权威性和准确性。省级生态环境主管部门汇总各任务承担单位的调查数据，并对数据进行充分的校核后再用于模型评估。国家采用抽调、抽查手段对调查数据开展质量控制。

4．监测评估

评估任务承担单位必须从人员、数据准备和评估结果验证等方面加强质量保证和质量控制，各省份确定专职评估人员，通过参加国家组织的技术培训，精准掌握污染监测评估的全套技术流程，确保用于污染监测评估的监测数据准确、完备；以监测区出入口地面综合监测结果得到的污染物总量来验证模型评估结果。持续优化"国家农业面源污染监测评估系统"，面向地方开展技术培训，并以验证流域农业面源污染监测评估结果验证模型评估结果精度。对于总氮、氨氮、总磷和化学需氧量农业面源入水体污染监测评估结果的相对误差不能超过±20%。

四、工作成果报送

各省（区、市）和兵团于 2022 年年底前，将本行政区域 2023—2025 年农业面源污染监测评估实施方案报送卫星中心。自 2023 年起，每季度的后 10 天内，将本季度农业面源污染地面综合监测数据报送卫星中心；每年 11 月底前，将上年度指标调查数据报送卫星中心；次年 3 月底前，将本年度农业面源污染监测评估报告报送卫星中心。

监测总站于次年 1 月底前，将本年度分省土地利用矢量数据（附件 3）和农业面源污染地面综合监测质量控制报告报送卫星中心，并将遥感监测结果分发至各省份。

卫星中心于次年 1 月底前，完成本年度各省份监测区附加的 5 项土地利用遥感指标监测和各省份植被覆盖度遥感监测，并将遥感监测结果分发至各省份；卫星中心于次年 5 月底前，完成年度国家农业面源污染监测评估报告，并报送生态环境部。

五、组织与保障

（一）提高政治站位，加强组织领导。各省（区、市）和兵团生态环境厅（局）、各单位要将农业面源污染监测评估工作作为重点任务来抓。生态环境部加强顶层设计和统筹协调，全面落实省级生态环境管理部门负总责的要求，细化责任分工，明确工作目标，制定实施方案，狠抓工作落实，协调农业农村、水利、气象等多部门合作，确保按时完成本行政区域农业面源污染监测评估工作。卫星中心、监测总站、华南所、土壤中心等单位做好技术支持和验证流域监测评估示范，以及监测质量控制等工作。

（二）加强能力建设，强化科技支撑。各省（区、市）和兵团生态环境厅（局）要组建农业面源污染监测评估团队，补齐监测能力短板，完善污染监测评估技术体系，保障监测数据真实、准确。卫星中心会同各技术支持单位，加快制定农业面源污染监测评估相关技术规范，面向全国开展技术培训和帮扶指导，开展长期跟踪和定期会商，全面支撑地方农业面源污染监测评估工作。

（三）保障资金投入，落实工作目标。各省（区、市）和兵团生态环境厅（局）要加大对农业面源污染监测评估工作的资金投入，因地制宜创新财政资金使用方式，鼓励相关专项资金拓宽投入渠道、统筹整合，确保工作目标圆满完成。

附件：1. 全国各省份农业面源污染监测区数量及推荐区域
　　　2. 农业面源污染地面综合监测指标的推荐监测方法
　　　3. 土地利用覆盖分类体系
　　　4. 农业面源污染年度调查指标清单
　　　5. 国家农业面源污染监测评估系统
　　　6. 农业面源污染监测评估报告提纲

附件 1　全国各省份农业面源污染监测区数量及推荐区域

省份	监测区总数/个	监测区年度监测数量/个			推荐区域
		2023 年	2024 年	2025 年	
北京市	3	2	3	3	大兴区、密云区和顺义区各 1 个
天津市	3	2	3	3	宁河区、武清区和北辰区各 1 个
河北省	8	3	7	8	唐山市、廊坊市、保定市、石家庄市、沧州市、衡水市、邢台市和邯郸市各 1 个
山西省	5	2	4	5	吕梁市、运城市、忻州市、临汾市和朔州市各 1 个
内蒙古自治区	4	2	4	4	巴彦淖尔市、呼和浩特市、赤峰市和通辽市各 1 个
辽宁省	5	2	4	5	大连市、锦州市、阜新市、沈阳市和铁岭市各 1 个
吉林省	7	2	5	7	吉林市、通化市、松原市、白城市、辽源、四平市和长春市各 1 个
黑龙江省	9	3	7	9	牡丹江市、哈尔滨市、齐齐哈尔市、绥化市、黑河市、佳木斯市、大庆市、双鸭山市和鸡西市各 1 个
上海市	4	2	4	4	崇明区、奉贤区、金山区和青浦区各 1 个
江苏省	8	3	7	8	常州市、宿迁市、淮安市、盐城市、扬州市、泰州市、连云港市和徐州市各 1 个
浙江省	7	2	5	7	嘉兴市、湖州市、绍兴市、金华市、衢州市、杭州市和台州市各 1 个
安徽省	8	1	4	8	合肥市、六安市、蚌埠市、滁州市、宿州市、马鞍山市、芜湖市和池州市各 1 个
福建省	4	2	4	4	南平市、三明市、宁德市和泉州市各 1 个
江西省	5	2	4	5	新余市、南昌市、抚州市、赣州市和宜春市各 1 个
山东省	7	2	5	7	济宁市、德州市、临沂市、菏泽市、聊城市、枣庄市和济南市各 1 个
河南省	10	3	8	10	濮阳市、商丘市、信阳市、开封市、安阳市、新乡市、驻马店市和周口市各 1 个，南阳市 2 个
湖北省	6	2	5	6	荆州市、天门市、襄阳市、孝感市、荆门市和仙桃市各 1 个
湖南省	7	2	5	7	益阳市、衡阳市、长沙市、湘潭市、株洲市、岳阳市和娄底市各 1 个

省份	监测区总数/个	监测区年度监测数量/个			推荐区域
		2023 年	2024 年	2025 年	
广东省	9	2	6	9	茂名市、河源市、湛江市、江门市、广州市、佛山市、清远市、惠州市和揭阳市各 1 个
广西壮族自治区	8	3	7	8	南宁市、贵港市、玉林市、钦州市、来宾市、桂林市、北海市和梧州市各 1 个
海南省	3	2	3	3	文昌市、海口市和保亭黎族苗族自治县各 1 个
重庆市	4	2	4	4	开州区、丰都县、大足区和合川区各 1 个
四川省	10	3	7	10	内江市、自贡市、资阳市、眉山市、成都市、德阳市、遂宁市、南充市、广安市和达州市各 1 个
贵州省	4	2	4	4	黔南布依族苗族自治州、遵义市、贵阳市和毕节市各 1 个
云南省	5	2	4	5	大理白族自治州、保山市、昭通市、曲靖市、楚雄彝族自治州各 1 个
西藏自治区	2	2	2	2	林芝市和拉萨市各 1 个
陕西省	6	2	5	6	咸阳市、汉中市、安康市、渭南市、宝鸡市和延安市各 1 个
甘肃省	5	2	4	5	张掖市、定西市、天水市、平凉市和庆阳市各 1 个
青海省	2	2	2	2	西宁市和海东市各 1 个
宁夏回族自治区	3	2	3	3	固原市、中卫市和银川市各 1 个
新疆维吾尔自治区	1	1	1	1	伊犁哈萨克自治州
新疆生产建设兵团	1	1	1	1	第八师石河子市
全国	173	67	141	173	涵盖 157 个地市（州）、15 个区（县），100%覆盖农业面源污染治理与监督指导试点地区，覆盖 60.2%化肥减量重点县，覆盖 59.3%畜牧大县，覆盖 55.0%重点湖库，覆盖 36.7%国家重点生态功能区县域

注：各省份可结合实际情况对监测区年度监测数量和推荐区域进行优化调整，监测区总数只增不减，推荐区域调整需考虑区域分布的均匀性。

附件2 农业面源污染地面综合监测指标的推荐监测方法

监测指标		监测方法	标准号
	流量	河流流量测验规范	GB 50179
		水资源水量监测技术导则	SL 365
	水位	水位观测标准	GB/T 50138
	悬移质泥沙含量*	河流悬移质泥沙测验规范	GB/T 50159
	化学需氧量	水质 化学需氧量的测定 重铬酸盐法	HJ 828
	高锰酸盐指数	水质 高锰酸盐指数的测定	GB 11892
	总氮	水质 总氮的测定 碱性过硫酸钾消解紫外分光光度法（推荐）	HJ 636
		水质 总氮的测定 流动注射-盐酸萘乙二胺分光光度法	HJ 668
		水质 总氮的测定 连续流动-盐酸萘乙二胺分光光度法	HJ 667
		水质 总氮的测定 气相分子吸收光谱法	HJ/T 199
地表水和入河排污口排水	氨氮	水质 氨氮的测定 纳氏试剂分光光度法（推荐）	HJ 535
		水质 氨氮的测定 水杨酸分光光度法	HJ 536
		水质 氨氮的测定 流动注射-水杨酸分光光度法	HJ 666
		水质 氨氮的测定 连续流动-水杨酸分光光度法	HJ 665
		水质 氨氮的测定 气相分子吸收光谱法	HJ/T 195
	总磷	水质 总磷的测定 钼酸铵分光光度法（推荐）	GB 11893
		水质 总磷的测定 流动注射-钼酸铵分光光度法	HJ 671
		水质 磷酸盐和总磷的测定 连续流动-钼酸铵分光光度法	HJ 670
	磷酸盐	水质 磷酸盐和总磷的测定 连续流动-钼酸铵分光光度法	HJ 670
	可溶性磷酸盐	水质 磷酸盐的测定 离子色谱法（推荐）	HJ 669
		水质 无机阴离子（F^-、Cl^-、NO_2^-、Br^-、NO_3^-、PO_4^{3-}、SO_3^{2-}、SO_4^{2-}）的测定 离子色谱法	HJ 84
	硝酸盐氮*	水质 硝酸盐氮的测定 紫外分光光度法（试行）（推荐）	HJ/T 346
		水质 硝酸盐氮的测定 酚二磺酸分光光度法	GB 7480
		水质 硝酸盐氮的测定 气相分子吸收光谱法	HJ/T 198
		水质 无机阴离子（F^-、Cl^-、NO_2^-、Br^-、NO_3^-、PO_4^{3-}、SO_3^{2-}、SO_4^{2-}）的测定 离子色谱法	HJ 84

监测指标		监测方法	标准号
地表水和入河排污口排水	pH	水质　pH 值的测定　电极法	HJ 1147
	水温	水质　水温的测定　温度计或颠倒温度计测定法	GB 13195
	五日生化需氧量	水质　五日生化需氧量（BOD$_5$）的测定　稀释与接种法	HJ 505
	挥发酚	水质　挥发酚的测定　4-氨基安替比林分光光度法（推荐）	HJ 503
		水质　挥发酚的测定　流动注射-4-氨基安替比林分光光度法	HJ 825
		水质　挥发酚的测定　溴化容量法	HJ 502
土壤	全氮	土壤质量　全氮的测定　凯氏法（推荐）	HJ 717
		土壤检测　第 24 部分：土壤全氮的测定　自动定氮仪法	NY/T 1121.24
		森林土壤氮的测定	LY/T 1228
	全磷	土壤　总磷的测定　碱熔-钼锑抗分光光度法（推荐）	HJ 632
		森林土壤磷的测定	LY/T 1232
	pH	土壤　pH 值的测定　电位法（推荐）	HJ 962
		土壤检测　第 2 部分：土壤 pH 的测定	NY/T 1121.2
		土壤　pH 的测定	NY/T 1377
		森林土壤 pH 值的测定	LY/T 1239
	机械组成	土壤　粒度的测定　吸液管法和比重计法（推荐）	HJ 1068
		土壤检测　第 3 部分：土壤机械组成的测定	NY/T 1121.3
		森林土壤颗粒组成（机械组成）的测定	LY/T 1225
	有机质	土壤检测　第 6 部分：土壤有机质的测定（推荐）	NY/T 1121.6
		森林土壤有机质的测定及碳氮比的计算	LY/T 1237
	有效磷*	土壤检测　第 7 部分：土壤有效磷的测定（推荐）	NY/T 1121.7
		土壤　有效磷的测定　碳酸氢钠浸提-钼锑抗分光光度法	HJ 704
		森林土壤磷的测定	LY/T 1232
	氨氮*、亚硝酸盐氮*、硝酸盐氮*	土壤　氨氮、亚硝酸盐氮、硝酸盐氮的测定　氯化钾溶液提取–分光光度法	HJ 634

注：* 为选测指标。

附件 3 土地利用覆盖分类体系

一级类型		二级类型	
编号	名称	编号	名称
1	耕地	11	水田
		12	旱地
2	林地	21	有林地
		22	灌木林
		23	疏林地
		24	其他林地
3	草地	31	高覆盖度草地
		32	中覆盖度草地
		33	低覆盖度草地
4	水域	41	河渠
		42	湖泊
		43	水库坑塘
		44	永久性冰川雪地
		45	滩涂
		46	滩地
5	城乡、工矿、居民用地	51	城镇用地
		52	农村居民点
		53	其他建设用地
6	未利用土地	61	沙地
		62	戈壁
		63	盐碱地
		64	沼泽地
		65	裸土地
		66	裸岩石砾地
		67	其他

附件4　农业面源污染年度调查指标清单

编号	指标名称	编号	指标名称
1	总人口	27	甘蔗总产
2	乡村人口	28	甜菜总产
3	耕地面积	29	水稻播种面积
4	水田（或旱地）面积	30	小麦播种面积
5	农作物总播种面积	31	玉米播种面积
6	灌溉面积	32	大豆播种面积
7	氮肥纯量	33	蔬菜总产
8	磷肥纯量	34	瓜果类总产
9	复合肥纯量	35	水果总产
10	水稻总产	36	苹果总产
11	小麦总产	37	梨总产
12	玉米总产	38	葡萄总产
13	豆类总产	39	柑橘总产
14	大豆总产	40	香蕉总产
15	薯类总产	41	干胶总产
16	高粱总产	42	干茶总产
17	谷子总产	43	园地面积（果园+橡胶园+茶园面积）
18	杂粮总产	44	年末大牲畜存栏数
19	棉花总产	45	年末牛存栏数
20	花生总产	46	年末肉牛（或乳牛）存栏数
21	油菜籽总产	47	年末羊存栏数
22	芝麻总产	48	年内猪出栏数
23	胡麻籽总产	49	年末猪存栏数
24	葵花籽总产	50	禽肉产量
25	麻类总产	51	禽蛋产量
26	烤烟总产	—	—

注：1. 表中总人口和乡村人口为常住人口。

　　2. 上述指标数据均来自统计年鉴，各省份可结合实际情况填报调查指标。

附件5　国家农业面源污染监测评估系统

　　国家农业面源污染监测评估系统包括农业面源污染数据管理子系统、农业面源污染量评估子系统、农业面源污染时空分析子系统等，可开展"国家—流域—区域"等多尺度、"农田种植—畜禽养殖—农村生活"等多类型的农业面源污染监测评估，可实现农业面源污染负荷空间可视化，直观提供农业面源污染优先控制区的空间分布。国家农业面源污染监测评估系统具体结构见图1。

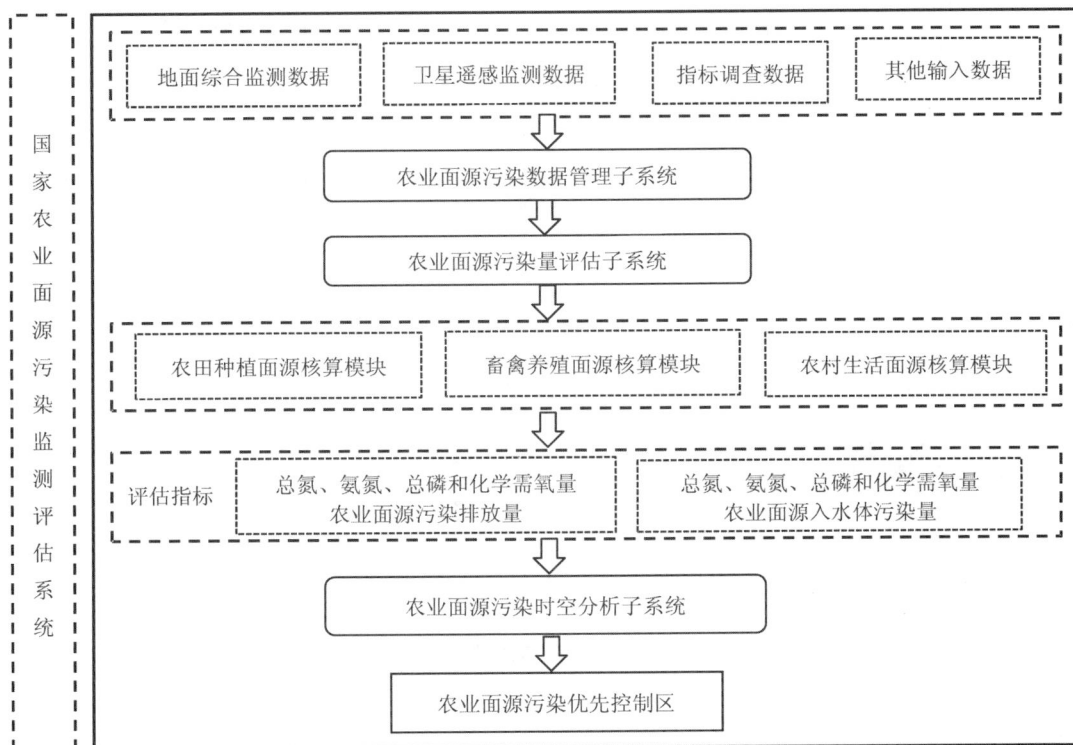

图1　国家农业面源污染监测评估系统结构

　　农业面源污染量评估子系统是国家农业面源污染监测评估系统的核心，主要依托遥感分布式面源污染监测评估（Diffuse Pollution Estimation with Remote Sensing，DPeRS）模型算法开发，具体包括农田种植、畜禽养殖和农村生活3类面源核算模块，利用IDL–ENVI平台运行和维护。

　　DPeRS模型是以遥感像元为基本模拟单元的面源污染负荷估算模型，既考虑了降水、植被覆盖度、地形和地貌等自然要素，也考虑了施肥利用效率、人口、牲畜和家禽等社会经济要素，主要结构见图2。模型算法以遥感数据为驱动，耦合定量遥感模型和生态水文过程模型，对流域尺度面源污染负荷的时空动态进行定量分析。该模型可以概括为农田径流型、农村生活型、畜禽养殖型和水土流失型四种污染类型，区分溶解态和颗粒态两种元素形态，污染指标包括总氮、氨氮、总磷和化学需氧量。

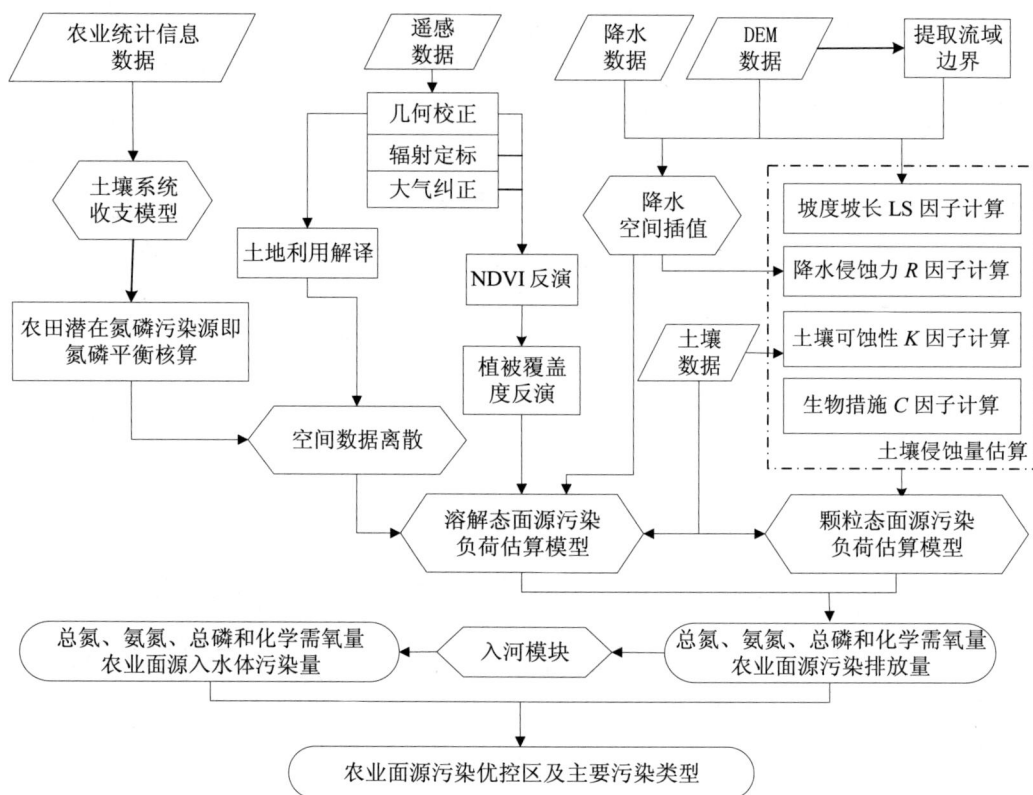

图 2　DPeRS 模型结构

附件6 农业面源污染监测评估报告提纲

1. 工作依据
2. 工作概况
    2.1 本行政区域及监测区自然概况
    2.2 点位布设和监测情况
3. 地面综合监测结果分析
4. 卫星遥感监测结果分析
5. 指标调查结果分析
6. 农业面源污染监测评估
    6.1 监测区污染监测评估
    6.2 本行政区域污染监测评估
7. 质量保证和质量控制
8. 主要结论
附件

第 2 章

关于印发《"十四五"全国农业面源污染监测评估监测区设置方案》的通知

(环办监测〔2023〕12 号)

各省、自治区、直辖市生态环境厅(局),新疆生产建设兵团生态环境局:

为落实《全国农业面源污染监测评估实施方案(2022—2025 年)》(环办监测〔2022〕23 号)要求,科学规范开展农业面源污染监测评估工作,我部组织制定了《"十四五"全国农业面源污染监测评估监测区设置方案》。现印发给你们,请遵照执行。

生态环境部办公厅

2023 年 8 月 19 日

"十四五"全国农业面源污染监测评估
监测区设置方案

为构建统一的农业面源污染监测评估体系，按照《全国农业面源污染监测评估实施方案（2022—2025 年）》（环办监测〔2022〕23 号）要求，我部组织完成了"十四五"全国农业面源污染监测评估监测区选取和点位布设工作，制定本方案。

一、监测区选取原则

（一）因地制宜、突出重点

以主要从事农业生产活动、农业面源污染问题突出的区域为重点，优先考虑化肥减量重点县、畜牧大县和"十四五"国家重点生态功能区县域，必须包含《关于同意开展农业面源污染治理与监督指导试点的通知》（环办土壤〔2021〕507 号）中列出的试点地区。针对长江和黄河等重点流域范围内的粮食主产区、畜牧大县，加密布设监测区。

（二）区域独立、优先选取

选择相对独立或封闭的自然汇水单元，或相对独立的农田灌区/圩区，或集中连片种植区；优先选取同时包括种植和养殖类型的单元；仅有种植类型的，优先选取同时包括大田作物和经济作物的单元；仅有养殖类型的，优先选取大型规模养殖场周边以及散养密集区域。

（三）污染较重、代表性强

优先在水体氮、磷污染相对严重的国（省）控断面、农业农村断面所对应的区域筛选封闭汇水单元，且汇水单元农业面源污染负荷相对重，对国（省）控断面水体污染有一定程度的贡献；充分考虑监测区的典型性和代表性，确保监测区地面综合监测能够客观反映区域农业面源污染状况。

二、监测点位设置要求

（一）点位分类

监测区出入口监测点位：在选取的自然汇水单元所有出入口均需设置监测点位，在选取的农田灌区/圩区或集中连片种植区的主要进水口和出水口（退水口）分别布设 1 个监测点位。

监测区土壤监测点位：至少应覆盖监测区耕地、果园和菜地等地类，结合区域典型作物类型，可增加茶园和橡胶园等地类，用于反映监测区土壤环境状况及变化趋势。

（二）技术要求

1. 监测区出入口监测点位布设需满足以下要求

（1）监测点位布设应充分结合现有监测网，基于各省份地表水环境质量监测网，结合农村环境质量监测网、土壤环境监测网和气象监测站网等，合理布设监测区出入口监测点位。

（2）监测区出入口监测点位布设尽量避开入河排污口，若监测区出入口点位上、下游 500 m 范围内有入河排污口，应同时布设入河排污口监测点位。

（3）在平原圩区及稻虾种植区可适当增加监测点位。

2. 监测区土壤监测点位布设需满足以下要求

（1）土壤监测点位应覆盖监测区内主要农业用地类型，若监测区面积小于 20 km^2，需至少布设 5 个土壤监测点位；若监测区面积超过 20 km^2，需至少布设 10 个土壤监测点位。

（2）对于监测区内存在林草水土流失较严重区域的，需适当补充林地和草地采样点。

三、监测区及点位设置结果

"十四五"全国农业面源污染监测评估共设置监测区 175 个，监测点位 1 936 个，其中监测区出入口地表水监测点位 600 个（包括 306 个入口监测点位和 294 个出口监测点位）、土壤监测点位 1 322 个、入河排污口监测点位 13 个，此外自选监测任务水产养殖监测点位 1 个，分布于 31 个省（区、市）和新疆生产建设兵团的 175 个县级行政区。

四、监测要求

各省（区、市）和新疆生产建设兵团按照本行政区域 2023—2025 年农业面源污染监测评估实施方案，构建监测网络，逐年组织开展监测工作，到 2025 年年底前完成全部监测区的监测。监测内容包括地面综合监测、卫星遥感监测和地块调查，具体监测指标如下。

1．地面综合监测指标

（1）监测区出入口地表水监测指标

流量、水位、水面宽度、悬移质泥沙含量*；化学需氧量或高锰酸盐指数、总氮、氨氮、总磷、磷酸盐、可溶性磷酸盐、硝酸盐氮*、pH；降水量。

（2）土壤监测指标

全氮、全磷、pH、机械组成、有机质、有效磷*、氨氮*、亚硝酸盐氮*、硝酸盐氮*。

（3）入河排污口监测指标

污水量（日均流量×排污时间）、化学需氧量、总氮、氨氮、总磷、pH、水温、五日生化需氧量、挥发酚，以及所需特征污染物*。

注：以上*标注的指标均为选测指标。

2．卫星遥感监测指标

监测区卫星遥感监测指标主要包括土地利用和植被覆盖度，其中土地利用遥感监测指标执行六大类 25 小类的土地利用覆盖分类体系，并在此基础上增加水浇地、果园、茶园、橡胶园和其他园地 5 项指标。

3．地块调查指标

地块调查的范围为监测区内布设土壤监测点位的地块，包括耕地、果园、菜地、茶园和橡胶园等地类，地块调查指标具体包括地块面积、播种期及作物类型、施肥期及施肥量、灌溉期及灌溉量、收获期及作物产量等。

中 篇

技术方案

第3章

农业面源污染监测评估——监测区选取与监测点位布设技术规定（试行）

前 言

为贯彻《中华人民共和国环境保护法》《中华人民共和国水污染防治法》和《中华人民共和国土壤污染防治法》，进一步落实《全国农业面源污染监测评估实施方案（2022—2025 年）》和《"十四五"全国农业面源污染监测评估监测区设置方案》，指导农业面源污染监测评估工作，规范监测区选取、监测点位布设的技术方法，制定本规定。

本规定描述了农业面源污染监测评估监测区选取与监测点位布设的技术流程与方法。

本规定的附录 A 为资料性附录。

本规定为首次发布。

本规定起草单位：生态环境部卫星环境应用中心。

本规定由生态环境部卫星环境应用中心于 2025 年 1 月 14 日批准。

本规定自 2025 年 1 月 14 日起实施。

本规定由生态环境部卫星环境应用中心解释。

1 适用范围

本技术规定适用于省级、地市级和县级地区开展农业面源监测区选取和点位布设工作。《全国农业面源污染监测评估实施方案（2022—2025 年）》中涉及的地区可参照本规定执行。

2 规范性引用文件

本技术规定引用了下列文件或其中的条款。凡是未注明日期的引用文件，其有效版本适用于本技术规定。

GB 3838—2002 地表水环境质量标准

GB/T 21010—2017   土地利用现状分类

GB/T 36296—2018   遥感产品真实性检验导则

HJ/T 166—2004   土壤环境监测技术规范

"十四五"全国农业面源污染监测评估监测区设置方案（环办监测〔2023〕12 号）

全国农业面源污染监测评估实施方案（2022—2025 年）（环办监测〔2022〕23 号）

小流域农业面源污染入水体量监测技术规定（试行）（卫星环字〔2022〕6 号）

3 术语和定义

3.1 农业面源污染 agricultural non-point source pollution

指种植业、养殖业生产及农村生活等带来的污染物在降水、融雪、灌水等过程驱动下以径流淋溶等途径汇入水体，造成水环境质量下降的一种污染形式。

3.2 农业面源监测区 agricultural non-point source monitoring area

指主要从事农业生产活动、农业面源污染问题突出的相对独立且封闭的自然汇水单元或农田灌区单元或集中连片种植区。

3.3 自然汇水单元 natural catchment unit

指地表径流汇聚到一共同出水口的过程中所流经的独立且封闭的地表区域。

3.4 农田灌区单元 farm irrigation unit

指具备完整输水、配水、灌水和排水工程系统的半人工农田地块，通常能按农作物的需求并考虑水资源和环境承载能力，提供灌溉排水服务的区域。

4 总则

4.1 原则

本技术规定的内容遵循目的性、规范性、可操作性、先进性和经济技术可行性的原则。

4.2 内容

本技术规定选取农业生产活动为主、农业面源污染问题突出的区域作为农业面源监测区（尽量避开入河排污口等点源污染），并基于监测区特征分析和地面现场勘察，开展监测点位布设，包括监测区出入口地表水监测点位布设和土壤监测点位布设。

5 技术流程与方法

5.1 技术流程

农业面源污染监测评估监测区选取与监测点位布设技术流程见图1。

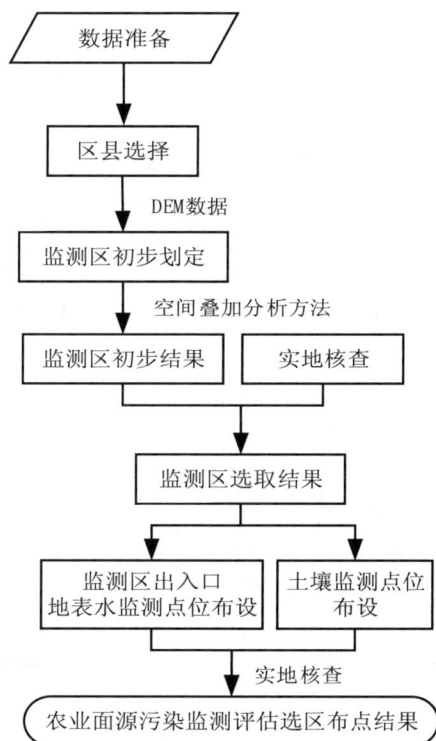

图 1 农业面源污染监测评估监测区选取与监测点位布设技术流程

5.2 技术方法

5.2.1 监测区选取

根据土地利用类型、水系数据、数字高程模型数据（DEM）、"十四五"国控断面对应汇水范围和已有水文站点位、地表水水质监测断面、畜禽养殖点位等信息，优选出受农业面源污染影响较大的区县，再采用空间叠加分析方法，初步筛选监测区。进一步综合考虑监测区域是否独立且封闭等实际情况，对初筛监测区结果进行现场勘探并优化，最终确定监测区。具体如下：

（1）数据准备：主要包括地理信息数据、资源现状数据、环境质量数据、水文数据、农业生产水平数据，详见附录 A。

（2）区县选择：基于粮食种植、养殖状况、水质监测断面污染超标情况等相关数据，初步选取农业生产活动为主、农业面源污染问题突出的重点区域。再结合水文站和水质监测站空间分布，从重点区域中优先选取超标断面所在县区，并考虑化肥减量重点县、畜牧大县和"十四五"国家重点生态功能区县域等区域，可重点考虑有工作基础的区县。

（3）监测区初步划定：

1）自然汇水单元提取：基于所选区县数字高程模型数据（DEM），在地理信息系统软件 SWAT 模块中进行自动汇点填注，通过地理坡度、坡向计算，生成完整的流域河网水系，并结合导入的实际河流水系数据进行汇流累积计算，生成流域内主要河道及相应的河流节点（子流域汇水口）。进一步参考流域水文历史数据资料，对河流节点进行筛选优化（增补或剔除），进而生成子流域。最后，结合实际遥感影像图、断面信息等，调整汇水面积及河流矢量，最终形成满足需求的自然汇水单元，作为农业面源监测区选取的自然汇水单元（图 2）。

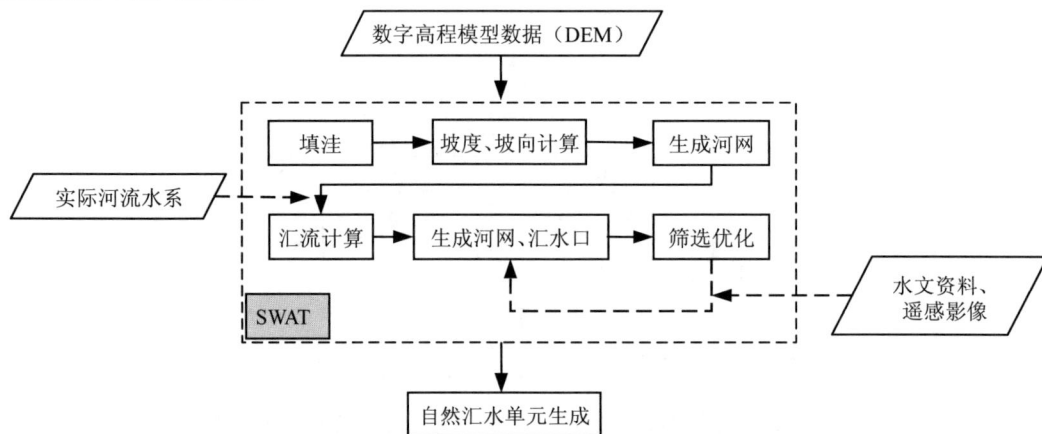

图 2　自然汇水单元提取流程

2）此外，可根据实际情况，生成相对独立的农田灌区单元或集中连片种植区。

（4）监测区初步结果：基于上述得到的自然汇水单元或农田灌区单元或集中连片种植区，结合土地利用类型、种养殖结构和水文水质特征，采用空间叠加分析方法，尽可能涵盖水质超标断面上游地区和水文站点位，选取主要受农业面源污染影响控制的汇水范围（优先选取同时包括种植和畜禽养殖类型的单元；仅有种植类型的，优先选取同时包括大田作物和经济作物的单元；仅有养殖类型的，优先选取大型规模养殖场周边以及散养密集区域），得到监测区初步结果。

（5）实地核查：基于监测区初步选取结果，进一步综合考虑监测区域是否独立且封闭等实际情况，对初筛监测结果进行现场勘探并优化，最终确定农业面源监测区（自然汇水单元或农田灌区单元或集中连片种植区单元）。

5.2.2　监测点位布设方法

基于地区已有地表水国控、省控、市控水质监测断面，结合农村环境质量监测网、土壤环境监测网和气象监测站网等，合理布设监测区出入口地表水监测点位和监测区内部土壤监测点位。

（1）监测区出入口地表水监测点位布设

1）自然汇水单元出入口地表水监测点位布设：在选取的自然汇水单元入口和出口均需布设监测点位，入口监测点位用来反映水系进入自然汇水单元时的水质状况，应设置在尚未受到自然汇水单元农业面源污染影响且水系刚进入自然汇水单元的位置；出口监测点位用来反映自然汇水单元总体出口水质状况，应设置在自然汇水单元出口位置。

2）农田灌区单元或集中连片种植区点位布设：在选取的农田灌区单元或集中连片种植区的主要进水口和出水口（退水口）分别布设监测点位。

（2）监测区土壤监测点位布设

根据监测区面积确定土壤监测点位布设个数，若监测区面积小于 20 km^2，至少布设5 个土壤监测点位（可采用对角线法、蛇形法或者棋盘法，参考 HJ/T 166—2004 执行）；若监测区面积超过 20 km^2，至少布设 10 个土壤监测点位（可采用对角线法、蛇形法或者棋盘法，参考 HJ/T 166—2004 执行）。根据土地利用类型特征，土壤监测点位至少应覆盖耕地、果园和菜地等地类，结合区域典型作物类型，可增加茶园和橡胶园等地类。

（3）实地核查：基于监测区出入口监测点位和监测区内部土壤监测点位初步选取结果，进一步综合考虑监测点位易达、易测等实际情况，对监测点位进行现场勘探并优化，最终确定农业面源监测点位。

6　质量控制

质量控制主要要求如下：

（1）内业方面：严格按照农业面源污染监测评估监测区选取与监测点位布设原则，结合土地利用类型、种养殖结构和水文水质特征等，在监测区范围划定、监测点位数量选取与布设等方面因地制宜地进行质量控制。

（2）外业方面：实地核查验证应综合考虑经济、人力、自然地理环境等条件，设计一种科学、合理、可行的实地核查方案，并采用质量抽检（主要包括监测区土地利用分类、监测点位经纬度等信息）等手段对农业面源污染监测区与监测点位的选取开展质量控制。

附 录 A
（资料性附录）
监测区选取参考性资料

表 A.1 给出了农业面源污染监测区与监测点位选取所需的资料数据收集清单。

表 A.1　资料数据收集清单

类型		名称	来源	比例尺/分辨率/详细程度
基础数据	地理信息数据	基础地理要素数据（行政区划、水系等）	测绘地理信息部门	1：10 000/ 1：50 000
		DEM 数据	测绘地理信息部门	优于 30 m×30 m
		高分辨率遥感影像数据	生态环境部门	优于 2 m
	资源现状数据	土地利用现状数据	生态环境部门/自然资源部门	优于 30 m
	环境质量数据	国控、省控、市控地表水环境质量	生态环境部门	矢量图、表
		"十四五"国家重点生态功能区县域	生态环境部门	矢量图
		"十四五"国控水质监测断面对应汇水范围	生态环境部门	矢量图
	水文数据	水文站点	水利部门	矢量图
	农业生产水平数据	种植业分布	农业农村直联直报系统	乡镇级
		养殖业分布		乡镇级
附加数据	资源现状数据	土壤类型图	农业农村部门	矢量图
		耕地质量数据	农业农村部门	矢量图、表
	环境质量数据	土壤生态环境质量	生态环境部门/农业农村部门	表
	农业生产水平数据	环境统计数据	生态环境部门	表

第4章

农业面源污染监测评估——土地利用和植被覆盖度遥感指标地面校验技术规定（试行）

前　言

为贯彻《中华人民共和国环境保护法》《中华人民共和国水污染防治法》和《中华人民共和国土壤污染防治法》，指导农业面源污染监测工作，规范土地利用和植被覆盖度两项卫星遥感监测地面校验方法，制定本规定。

本规定描述了农业面源监测评估涉及的土地利用和植被覆盖度两项遥感监测指标地面校验技术流程与方法，规定了农业面源污染监测评估工作中土地利用和植被覆盖度两项指标地面校验过程中涉及的土地利用选点、植被覆盖度样方布设、路线设置、实地测量/调查、数据处理/记录和质量控制等要求。

本规定的附录 A、B、C、D 为资料性附录。

本规定为首次发布。

本规定起草单位：生态环境部卫星环境应用中心、中国科学院空天信息创新研究院、广西壮族自治区生态环境监测中心。

本规定由生态环境部卫星环境应用中心于 2025 年 1 月 14 日批准。

本规定自 2025 年 1 月 14 日起实施。

本规定由生态环境部卫星环境应用中心解释。

1　适用范围

本技术规定适用于农业面源污染监测评估工作中的遥感指标的地面校验，可用于验证和优化土地利用和植被覆盖度两项指标的遥感监测结果。

2　规范性引用文件

本技术规定引用了下列文件或其中的条款。凡是未注明日期的引用文件，其有效版本适用于本规定。

　　GB/T 21010—2017　土地利用现状分类

　　GB/T 36296—2018　遥感产品真实性检验导则

　　GB/T 39468—2020　陆地定量遥感产品真实性检验通用方法

　　GB/T 41280—2022　卫星遥感影像植被覆盖度产品规范

　　GB/T 41282—2022　植被覆盖度遥感产品真实性检验

　　全国农业面源污染监测评估实施方案（2022—2025 年）（环办监测〔2022〕23 号）

　　"十四五"全国农业面源污染监测评估监测区设置方案（环办监测〔2023〕12 号）

　　小流域农业面源污染入水体量监测技术规定（试行）（卫星环字〔2022〕6 号）

3　术语和定义

　　GB/T 39468—2020 和 GB/T 41282—2022 界定的以及下列术语和定义适用于本技术规定。

3.1　土地利用　landuse

　　指人类根据土地的自然特点，按一定的经济、社会目的，采取一系列生物、技术手段，对土地进行长期性或周期性的经营管理和治理改造的方式。

3.2　植被覆盖度　fractional vegetation cover，FVC

　　指单位面积内植被冠层（包括叶、茎、枝）垂直投影面积所占的比例。

3.3　农业面源污染　agricultural non-point source pollution

　　指种植业、养殖业生产及农村生活等带来的污染物在降水、融雪、灌水等过程驱动下以径流淋溶等途径汇入水体，造成水环境质量下降的一种污染形式。（来源：卫星环字〔2022〕6 号—2022 年 3 月 18 日实施）

3.4　农业面源监测区　agricultural non-point source monitoring area

　　指主要从事农业生产活动、农业面源污染问题突出的相对独立且封闭的自然汇水单元或农田灌区单元或集中连片种植区。

4　总则

4.1　原则

　　本技术规定的内容遵循规范性、可操作性、先进性和经济技术可行性的原则。

4.2　内容

　　本技术规定包括开展农业面源污染遥感监测指标（土地利用和植被覆盖度）地面校

验工作的技术流程。土地利用地面校验过程包括地面校验点位筛选、合理路线规划、现场调查；植被覆盖度地面校验主要包括样方布设、实地测量和数据处理。

5　技术流程与方法

5.1　土地利用地面校验

基于待检验的土地利用矢量数据，通过筛选核查点位、确定核查路线、开展现场调查及记录，支撑遥感解译产品的准确度评价，土地利用地面校验技术流程见图1。

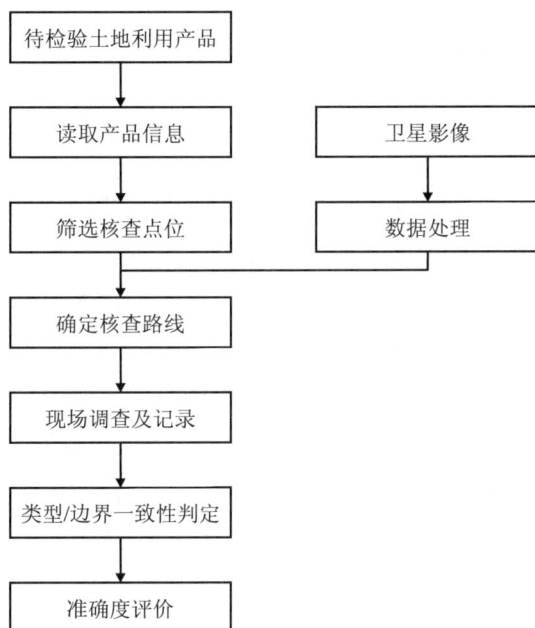

图 1　土地利用类型卫星遥感监测地面校验技术流程

5.1.1　分类体系与校验指标

土地利用遥感监测指标执行以附表 D.1 中的土地利用分类体系为基础，聚焦其中 5 种三级类型，土地利用三级类型的含义见表1。

原则上，校验指标应以三级指标为主、二级指标为辅。

表 1　土地利用三级类型含义

类型编号	类型名称	含义
121	水浇地	有水源保证和灌溉设施，在一般年景能正常灌溉，种植旱生农作物（含蔬菜）的耕地，包括种植蔬菜等非工厂化的大棚用地

类型编号	类型名称	含义
241	果园	种植果树的园地
242	茶园	种植茶树的园地
243	橡胶园	种植橡胶的园地
244	其他园地	种植桑树、可可、咖啡、油棕、胡椒、药材等其他多年生作物的园地，包括用于育苗的土地

5.1.2　核查点位筛选

农业面源监测区内核查点位类型以三级类型为主，核查内容包括土地利用类型和边界，地面核查工作一般筛选沿道路两旁 2 km 视觉范围内的图斑。

（1）类型核查

类型核查即选择不同类型图斑进行判读正误校验，一般筛选基于沿公路两旁 2 km 视觉范围内的图斑。要求：①根据遥感监测与评价选择的数据源、判读精度的要求，选择的图斑大小至少要在 20 m×20 m 以上。②原则上核查点位类型以三级类型为主、二级类型为辅，按照每个监测区不少于图斑总数量 10% 且最多不超过 60 个的原则随机抽选。如果监测区面积小于 20 km^2 或者土地利用三级类型图斑数量较少，校验数量和比例可以适当减少。选择的三级地物类型应尽可能多样或齐全，避免对同一种地物重复选择，以保证抽样调查的可靠性。③记录核查地物的地理位置、环境特征。④拍摄地物的景观相片，要求至少拍摄全景和地物类型细节特征各一张，拍摄时将相机设置成在数码图像能够显示拍摄时间和日期的模式。⑤在附表 A.1 上记录并判断正误。

（2）边界核查

边界核查即对影像边界不清晰的地类边界准确性进行核查。原则上核查点位类型以三级类型为主、二级类型为辅，按照每个监测区边界核查图斑不少于图斑总数量 5% 且最多不超过 30 个的原则随机抽选。如果监测区面积小于 20 km^2 或者土地利用三级类型较少，校验数量可以适当减少。核查任务结束填写完成附表 A.2。

5.1.3　路线规划

在核查点位明确的前提下，综合考虑路程最短、可达性等原则合理设计核查路线。在野外核查前，可利用带有导航、卫星地图等工具的 App 详细厘清各核查点的具体位置，制订详细的核查计划，包括每天核查点数、最优核查路线等，在设置或优化核查路线时，可请熟悉当地情况的工作人员一同参与。

5.1.4 现场调查及记录

到达核查图斑地点后，利用手机或者有获取经纬度坐标的仪器确定目标点位置，同时可根据其他地图资料，综合利用空间相对关系判定图斑的准确位置。记录地物的经纬度坐标及地物类型等信息，填写核查类型记录表和边界核查表（附录A），拍摄地物的景观相片，要求至少拍摄全景和地物特征各一张，拍摄时将相机设置成在数码图像能够显示拍摄时间和日期的模式，照片名称/编号与表格中信息保持一致，在保证名称/编号唯一性的前提下可自行设定。

外业过程中对于难以到达的核查图斑可以进行调整，一般距国家4级以上的公路（4.5 m 宽）直线距离大于2 km的点视为难以到达的图斑。图斑调整为接近原核查点位置、类型尽量一致的地块。

5.2 植被覆盖度地面校验

植被覆盖度卫星遥感监测地面校验技术流程见图2。

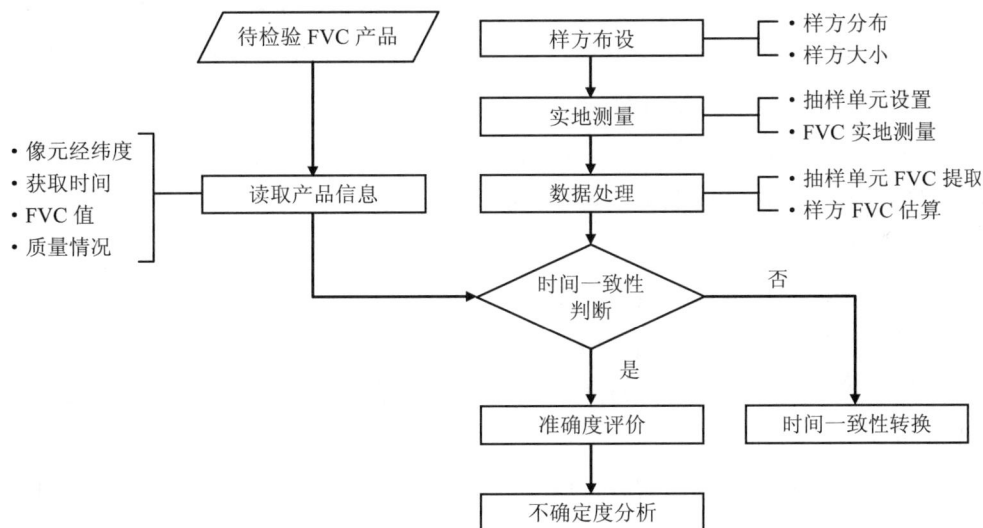

图2 植被覆盖度卫星遥感监测地面校验技术流程

5.2.1 植被覆盖度样方布设

（1）样方布设应尽可能考虑区域内植被的不同稀疏程度，筛选具有低（植被覆盖度不大于20%）、中（植被覆盖度大于20%且不大于50%）、高（植被覆盖度大于50%）不同程度的植被覆盖度样方。

（2）选择单一类型（乔木、灌木、草地或者耕地）、植被覆盖均质区域的中心地带进行样方布设，在每个监测区乔木、灌木、草地或者耕地类型至少各选择 1 个样方，即每个农业面源监测区至少有 4 个不同类型（乔木、灌木、草地或者耕地）样方，如监测区内难以满足筛选要求，可将样方筛选范围扩大至农业面源监测区外（省域内）20 km 范围内，如仍无法筛选有效样方，可酌情减少监测区样方数量至 2～3 个。

（3）样方大小取决于植被分布状况及待检验植被覆盖度产品空间分辨率，为了实现利用同样地面样方验证 250 m、30 m、2 m 等不同分辨率尺度产品为目标，样方布设规格设置为 45 m×45 m，对于山区林地可因实地情况缩小至 20 m×20 m。

（4）样方布设工作符合《植被覆盖度遥感产品真实性检验》（GB/T 41282—2022）第 4 章基本要求和第 5 章直接检验准确度评价和不确定度分析要求。

5.2.2　实地测量

（1）既可以选择利用无人机航飞获取完整的样方照片计算植被覆盖度，也可以通过设置多个有代表性的抽样单元，通过抽样单元的植被覆盖度计算平均值代表整个样方的植被覆盖度。抽样单元的设置推荐采用随机均匀采样或规律采样（对角线法）。对行播植被/作物，抽样单元的大小宜大于 2 倍行距，或抽样设置充分代表垄上和行间情况。实际工作中，可根据实际情况自行选择适宜拍摄方式。

（2）抽样单元的测量推荐采用数码相机拍照法，借助图像处理技术进行植被覆盖度提取。测量过程中需保证成像平面与水平面平行，可借助观测架、观测塔、无人机等平台进行近地面测量，植被覆盖度实地测量方法参见附录 B。

（3）借助数码相机进行植被覆盖度实地测量过程中，相机位于植被冠层顶端进行拍摄，相机距离植被的高度应远高于植被高度。对于高大乔木，也可在乔木下方平行水平面向上、向下拍摄，取二者加权和得到该抽样单元/样方的植被覆盖度测量结果，也可以采用无人机向下航拍方式。

（4）实地测量时间应选择清晨、傍晚或者阴天条件等太阳光造成阴影问题相对较弱的时段。

（5）测量工作可参考《植被覆盖度遥感产品真实性检验》（GB/T 41282—2022）要求。

5.2.3　数据处理

（1）对于数码相机拍照法获得的抽样单元影像，可借助图像分类法（如监督分类、非监督分类或其他自动分类算法），对数码照片进行植被、非植被分类。常见图像分类获取植被覆盖度方法参见附录 B。统计影像中植被像元所占比例即为该抽样单元植被覆盖度估算结果。

（2）统计样方或者样方内全部抽样单元植被覆盖度估算结果的简单算术平均值获得样方植被覆盖度，填写完成附表 C。

5.2.4　产品校验

（1）读取待检验植被覆盖度产品信息，包括产品空间覆盖范围、空间分辨率、像元经纬度、获取时间、植被覆盖度值、质量情况等。挑选覆盖地面实测研究区与样方经纬度相同或相近像元植被覆盖度进行检验。根据产品质量情况对像元进行筛选。

（2）当实测样方植被覆盖度与待检验植被覆盖度产品时间一致或相近时，可直接利用实测结果对产品进行校验；否则应借助统计插值技术或植被生长曲线进行时间一致性转换。

（3）对待检验产品进行准确度评价和不确定度分析。准确度至少应包括平均误差、均方根误差、相关系数。不确定度应至少包括标准差。

（4）检验工作符合《植被覆盖度遥感产品真实性检验》（GB/T 41282—2022）第 5 章直接检验准确度评价和不确定度分析要求。

6　质量控制及数据要求

6.1　土地利用

（1）根据遥感调查采用数据源的时相特征、技术人员判读或算法识别过程的建议反馈等来选择校验的点位路线。对遥感影像季相、云量等条件不好、解译难度大的区域、解译难度较大的地类进行重点核查，以保证解译数据精度。

（2）一般按每个监测区筛选 60 个类型核查点、30 个边界核查点，校验类型以三级类型为主、二级类型为辅，如果监测区面积较小、土地利用类型比较单一或者图斑数量较少，校验图斑数量可以弹性减少。

（3）点位坐标记录以度表示，采用 CGCS2000 空间参考坐标系，要求精确到小数点后 5 位。

（4）土地利用地面校验为年度校验，数据采集 5—10 月开展一次。

（5）记录表格：土地利用实地测量记录表电子版（附录 A），包括核查类型记录表和边界核查表。

（6）测量数据：实地核查过程中拍摄的照片，包括全景照片和局部照片。数据存储格式为 JPEG 图像格式，即*.JPG。

6.2 植被覆盖度

（1）选择在阴天或者一天的早晚太阳不强时拍摄植被，凸显植被及土壤背景之间的光谱差异，避免阴影的干扰。

（2）测量过程中应即时检查测量数据质量，如是否存在曝光过度、影像虚化、未成功储存等；对于存在问题的样方或者抽样单元应即时补充测量。保留原始数据和过程数据备查。

（3）在植被覆盖度测量过程中，针对单个样方可沿两条对角线等间隔拍照，每条对角线照片宜间隔 1~2 m 拍摄一张，以保证照片提取的覆盖度可以代表整个样方的植被覆盖度。

（4）对于样方位置的记录，手持北斗定位测量仪必须位于样方中央，条件允许的情况下同时记录样方四个角点的经纬度和中央经纬度，如果没有条件可以只定位样方中央经纬度。点位坐标记录以度表示，采用 CGCS2000 空间参考坐标系，要求精确到小数点后 5 位。

（5）地面校验样方地面调查时间可结合地域特点，四季特征明显省份每年调查 2 次，选择植被覆盖度较低（20%~50%）的月份开展一次（如 4 月中旬左右）、植被覆盖度较高（高于 50%）的月份开展一次（如 7 月中旬左右）。少数省域全年植被覆盖度均较高，可酌情开展一次。

（6）记录表格：植被覆盖度样方实地测量记录表电子版（附录 C），包含样方编号、样方中心经纬度、样方大小、植被类型、测量时间和样方植被覆盖度。

（7）测量数据：实地测量原始数据（实地拍摄照片）和中间过程数据（如植被、非植被二值化分类结果图片），分样方进行整理归档。数据存储格式为 JPEG 图像格式，即*.JPG。

附 录 A

（资料性附录）

A.1 农业面源污染遥感监测指标地面校验记录表

表 A.1 给出了农业面源土地利用野外核查类型记录表。

表 A.1 农业面源土地利用野外核查类型记录表

20____年____省（自治区、直辖市）农业面源土地利用野外核查类型记录表

编号	时间	经度	纬度	海拔	地貌类型	覆被类型			野外相片编码
						野外类型	判读类型	正/误	
1	××××.08.20	118.092 32	29.994 21	371 m	低山丘陵	茶园	茶园	正确	M3410220108 20098p M3410220108 20098t

A.2　农业面源土地利用野外核查边界核查表

表 A.2 给出了农业面源土地利用野外核查边界核查表。

表 A.2　农业面源土地利用野外核查边界核查表

20＿＿年＿＿＿省（自治区、直辖市）农业面源土地利用野外核查边界核查表

序号	经度	纬度	南类型			北类型			东类型			西类型			边界误差说明
			覆被	判读	正/误	覆被	判读	正/误	覆被	判读	正/误	覆被	判读	正/误	
1	116.447 21	39.785 21	低覆盖草地	低覆盖草地	正	其他建设用地	其他建设用地	正	中覆盖草地	高覆盖草地	误	中覆盖草地	高覆盖草地	误	不同覆盖度草地之间边界不明显

附　录　B
（资料性附录）

B.1　植被覆盖度地面实地测量方法

对于草地、农作物等低矮植被的测量，仪器可采用普通具有快门遥控功能的数码相机，要求单张照片的覆盖范围远大于（10 倍以上）叶片尺度，也可以用无人机平台采样观测。在拍照时，对于较高的植被应结合观测架等便携式平台，将相机升高以保证单张照片的覆盖范围。选用观测架来改变相机的拍摄高度，可以将定焦相机置于支撑杆前端的仪器平台，远程控制相机测量数据。下图是利用观测架进行植被覆盖度测量的野外实验场景照。

农作物植被覆盖度观测架示例

对于高大的林木植被，选用无人机等高空平台，控制飞行器的高度，从上往下拍摄，也可采用手持或者观测架在树冠下方从下向上垂直拍照，详细参考《植被覆盖度遥感产品真实性检验》（GB/T 41282—2022）。无人机及手持设备观测示例如下。

林木植被覆盖度无人机观测示例

乔木植被覆盖度观测示例

附 录 C
（资料性附录）

C.1 植被覆盖度样方实地测量记录表

表 C.1 给出了植被覆盖度样方实地测量记录表样例。

表 C.1 植被覆盖度样方实地测量记录表样例

日期及时间	（如2023年4月15日，上午9：30）		天气状况	多云
试验人员	李四		记录人员	张三
样方编号	湖南-01	样方植被类型及平均植被覆盖度	（例如，乔木+草地，85%）	植被高度	10 m
样方中心点经度	（保留小数点后5位，例如124.234 56）	样方中心点纬度	（保留小数点后5位，例如28.345 67）	海拔	150 m
植被种植结构参数说明	垄行种植/离散种植；垄间距××.××m、行间距××.××m			
测量仪器	无人机/手机/其他		测量方式	成像法（数字相片）
测量相片编号	（各省自行设置编号）			拍照数	10
全景照片编号	（各省自行设置编号）			
备注	样方四角点经纬度、详细植被类型（如大豆、玉米）等			

附 录 D
（资料性附录）

D.1 土地利用分类体系

表 D.1 给出了土地利用分类体系。

表 D.1 土地利用分类体系

一级类型		二级类型（省域）		三级类型（监测区）	
编号	名称	编号	名称	编号	名称
1	耕地	11	水田	—	—
		12	旱地	121	水浇地
				—	—
2	林地	21	有林地	—	—
		22	灌木林	—	—
		23	疏林地	—	—
		24	其他林地	241	果园
				242	茶园
				243	橡胶园
				244	其他园地
3	草地	31	高覆盖度草地	—	—
		32	中覆盖度草地	—	—
		33	低覆盖度草地	—	—
4	水域	41	河渠	—	—
		42	湖泊	—	—
		43	水库坑塘	—	—
		44	永久性冰川雪地	—	—
		45	滩涂	—	—
		46	滩地	—	—
5	城乡、工矿、居民用地	51	城镇用地	—	—
		52	农村居民点	—	—
		53	其他建设用地	—	—

一级类型		二级类型（省域）		三级类型（监测区）	
编号	名称	编号	名称	编号	名称
6	未利用土地	61	沙地	—	—
		62	戈壁	—	—
		63	盐碱地	—	—
		64	沼泽地	—	—
		65	裸土地	—	—
		66	裸岩石砾地	—	—
		67	其他	—	—

第5章

小流域农业面源污染入水体量监测技术规定（试行）

前 言

为贯彻《中华人民共和国环境保护法》《中华人民共和国水污染防治法》和《中华人民共和国土壤污染防治法》，指导农业面源污染监测工作，规范小流域农业面源污染入水体量监测方法，制定本规定。

本规定描述了小流域农业面源污染入水体量监测的技术流程与方法。

本规定的附录 A、B、C 为资料性附录。

本规定为首次发布。

本规定起草单位：生态环境部卫星环境应用中心、北京师范大学、中国科学院空天信息创新研究院。

本规定由生态环境部卫星环境应用中心于 2022 年 3 月 18 日批准。

本规定自 2022 年 3 月 18 日起实施。

本规定由生态环境部卫星环境应用中心解释。

1 适用范围

本技术规定规定了小流域农业面源污染入水体量监测技术的小流域选取、断面布设、监测指标及方式方法、入水体量核算和质量控制等要求。

本技术规定适用于以农业面源污染为主的小流域农业面源污染入水体量监测，可用于验证农业面源污染模型评估结果。

2 规范性引用文件

本技术规定引用了下列文件或其中的条款。凡是未注明日期的引用文件，其最新版本适用于本规定。

HJ 915—2017 地表水自动监测技术规范（试行）

HJ 828—2017 水质 化学需氧量的测定 重铬酸盐法

GB 50179—2015 河流流量测验规范

SL 21—2015 降水量观测规范

SL 365—2015 水资源水量监测技术导则

HJ/T 667—2013 水质 总氮的测定 连续流动-盐酸萘乙二胺分光光度法

HJ/T 668—2013 水质 总氮的测定 流动注射-盐酸萘乙二胺分光光度法

HJ/T 670—2013 水质 磷酸盐和总磷的测定 连续流动-钼酸铵分光光度法

HJ/T 671—2013 水质 总磷的测定 流动注射-钼酸铵分光光度法

HJ/T 665—2013 水质 氨氮的测定 连续流动-水杨酸分光光度法

HJ/T 666—2013 水质 氨氮的测定 流动注射-水杨酸分光光度法

HJ/T 636—2012 水质 总氮的测定 碱性过硫酸钾消解紫外分光光度法

GB/T 50138—2010 水位观测标准

GB/T 33703—2017 自动气象站观测规范

HJ 493—2009 水质 样品的保存和管理技术规定

HJ 494—2009 水质 采样技术指导

HJ 495—2009 水质 采样方案设计技术规定

HJ/T 535—2009 水质 氨氮的测定 纳氏试剂分光光度法

HJ/T 536—2009 水质 氨氮的测定 水杨酸分光光度法

HJ/T 537—2009 水质 氨氮的测定 蒸馏-中和滴定法

HJ/T 399—2007 水质 化学需氧量的测定 快速消解分光光度法

HJ/T 102—2003 总氮水质自动分析仪技术要求

HJ/T 103—2003 总磷水质自动分析仪技术要求

HJ/T 101—2003 氨氮水质自动分析仪技术要求

GB 11893—1989 水质 总磷的测定 钼酸铵分光光度法

3 术语和定义

3.1 小流域 small watershed

指二、三级支流以下以分水岭和下游河道出口断面为界，集水面积在 50 km^2 以下的相对独立和封闭的自然汇水区域。

3.2 农业面源污染 agricultural non-point source pollution

指种植业、养殖业生产及农村生活等带来的污染物在降水、融雪、灌水等过程驱动下以径流淋溶等途径汇入水体，造成水环境质量下降的一种污染形式。

3.3 农业面源污染入水体量 the amount of agricultural non-point source pollution into the river

指在一定时间内，某农业面源污染物受降水冲刷、融雪径流、农田退水等因素影响进而进入水体的量。

4 总则

4.1 原则

本技术规定的内容遵循规范性、可操作性、先进性和经济技术可行性的原则。

4.2 内容

本技术规定选取以农业面源污染为主，基本不含点源污染且无水工建筑物小流域作为监测区，布设监测断面，开展水文、水质同步监测，综合利用卫星遥感、低空遥感和地面监测等手段，基于 5.2.7 可获得监测区监测断面的流量和水质监测数据，依据 5.2.8 核算出小流域农业面源污染总氮、总磷、氨氮和化学需氧量入水体量，可用于验证农业面源污染模型评估结果。

5 技术流程与方法

5.1 监测技术流程

农业面源污染监测技术流程见图1。

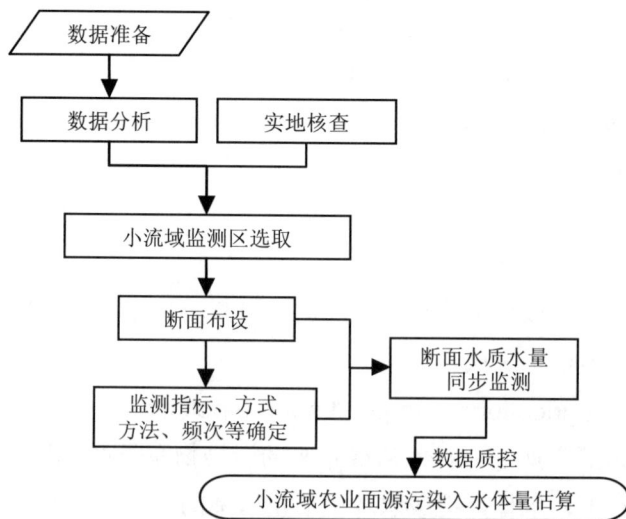

图 1 农业面源污染监测技术流程

5.2 监测技术方法

5.2.1 小流域选取原则

综合利用土地利用、水系分布、DEM、水文站点、水质监测断面、畜禽养殖断面等数据库，采用空间信息叠加分析，进行小流域选取，小流域是对水质断面有直接影响的汇水单元，且以农业生产活动为主，土地利用以耕地为主。

小流域选取所需的数据文件见附录 A。

5.2.2 监测断面布设

在选取的小流域入口和出口分别设置 1 个入境断面和 1 个出境断面，断面布设要求如下：

（1）入境断面：用来反映水系进入小流域时的水质状况，应设置在水系刚进入流域且尚未受到本区域农业面源污染影响处。

（2）出境断面：用来反映小流域总体出口水质，应设置在小流域最后的出口位置。

5.2.3 监测指标

监测指标包括水文、水质和气象指标，具体如下：

（1）水文监测指标：流量、水面宽度、水位、产流历时。

（2）水质监测指标：总氮、总磷、氨氮、化学需氧量。

（3）气象监测指标：降水量。

5.2.4 监测方式

水文和水质指标需同步进行监测，监测方式如下：

（1）水文监测：流量监测可根据明渠流量测验方法适用条件，因地制宜选择适宜方法进行监测，推荐通过自计式水位计观测水位，采用水位-流量关系曲线推求流量；如不具备自动监测条件可采用人工监测与遥感监测相结合的方式。产流历时是指产流开始至结束经历的时间，即水位明显上涨至水位基本维持稳定所经历的时间，由水位观测数据分析获取。

（2）水质监测：推荐选用自动监测设备与方法，如不具备自动监测条件可采用自动采样人工监测；对于暴雨（24 小时降水量 50 mm 以上）等极端气候条件，可根据实际情况选用触发式动态采样设备。

（3）降水量监测采用小型气象站或雨量计进行监测。

5.2.5 监测时期及频率

水文、水质和气象监测周期应最少包含 1 个水文年。

（1）水文和水质指标需同步监测。每月 1—10 日选择非降雨天气开展 1 次基流监测（背景监测）；汛期围绕降雨场次加频监测，如具备自动监测条件，每场次降雨间隔 1 小时测定 1 次，如不具备自动监测条件，降雨过程中测定 1～2 次，降雨结束后 30 分钟内测定 1 次。

（2）降水量非汛期监测频次为日尺度，汛期监测频次为小时尺度。

5.2.6 采样、样品的保存和运输

水质样品采集按照 HJ 494 的规定执行，如为自动采样，自动监测系统按照 HJ 915 建设；水样的保存和运输按照 HJ 493 的规定执行；水文监测指标按照 GB 50179 和 SL 365 的规定执行。

5.2.7 监测方法

水文、水质和气象指标的常规地面监测方法参见表 1，流量和水质遥感监测方法见附录 B 和附录 C。

表 1 水文、水质和气象指标的监测方法

监测指标	监测方法	标准号
流量	河流流量测验规范	GB 50179—2015
	水资源水量监测技术导则	SL 365—2015
水位	水位观测标准	GB 50138—2010
化学需氧量	快速消解分光光度法	HJ/T 399—2007
	重铬酸盐法	HJ 828—2017
总氮	总氮水质自动分析仪技术要求	HJ/T 102—2003
	碱性过硫酸钾消解紫外分光光度法	HJ/T 636—2012
	连续流动-盐酸萘乙二胺分光光度法	HJ/T 667—2013
	流动注射-盐酸萘乙二胺分光光度法	HJ/T 668—2013
氨氮	氨氮水质自动分析仪技术要求	HJ/T 101—2003
	纳氏试剂分光光度法	HJ/T 535—2009
	水杨酸分光光度法	HJ/T 536—2009
	蒸馏-中和滴定法	HJ/T 537—2009

监测指标	监测方法	标准号
氨氮	连续流动-水杨酸分光光度法	HJ/T 665—2013
	流动注射-水杨酸分光光度法	HJ/T 666—2013
总磷	总磷水质自动分析仪技术要求	HJ/T 103—2003
	钼酸铵分光光度法	GB 11893—1989
	连续流动-钼酸铵分光光度法	HJ/T 670—2013
	流动注射-钼酸铵分光光度法	HJ/T 671—2013
降水量	降水量观测规范	SL 21—2015
	自动气象站观测规范	GB/T 33703—2017

5.2.8 农业面源污染入水体量核算

农业面源污染入水体量具体是指某一时段内伴随降雨径流进入水体的量，该值为监测区进出口断面农业面源污染量的差值，若监测区存在点源影响，应减去点源污染物排放量。场次降雨条件下某小流域农业面源污染入水体量按照式（1）进行计算。

$$\Delta W = W_{\text{Out}} - W_{\text{In}} - W_{\text{Point}} \tag{1}$$

式中：ΔW——小流域农业面源污染物场次降雨入水体量，t；

W_{Out}——小流域出境断面污染物场次降雨污染量，t，采用式（2）进行计算；

W_{In}——小流域入境断面污染物场次降雨污染量，t，采用式（2）进行计算；

W_{Point}——某场次降雨时段内点源污染物污染量，t，可通过调查获取。

$$W = \sum_{i=1}^{n} (Q_i C_i - Q_j C_j)\Delta t_i = (Q_a C_a - Q_j C_j)T + \sum_{i=1}^{n} Q_i^n C_i^n \Delta t_i \tag{2}$$

式中：W——监测断面（入境或出境断面）农业面源污染物场次降雨污染量，t；

Q_i——场次降雨条件下，产流开始后监测断面瞬时流量，m³/s；

C_i——场次降雨条件下，产流开始后监测断面瞬时浓度，mg/L；

Q_j——未降雨条件下，监测断面的基流流量，m³/s，采用每月1—10日基流监测数据

C_j——未降雨条件下，监测断面的基流水质浓度，m³/s，采用每月1—10日基流监测数据；

Q_a——场次降雨条件下，监测断面产流时段内的平均流量，m³/s；

C_a——场次降雨条件下，监测断面产流时段内的平均浓度，mg/L；

Δt_i——首次为产流开始至首次采样时的间隔时间，其余为首次采样后至产流结束时段内的采样间隔时间，s；

T——产流历时，s；

Q_i^n——时均流量偏差，m³/s；

C_i^n——时均浓度偏差，mg/L；

n——估算时段的实测数据样本量。

式中第一项为时均流量和时均浓度的乘积项，第二项为时均离散项；若监测断面水质水量采用人工监测，场次降雨条件下样本量较少，式（2）可忽略离散项。

6 质量控制

不同技术环节质量控制主要指标要求如下：

（1）断面监测要求：小流域监测断面的水文和水质监测应同步进行。

（2）监测设备要求：水文自动监测设备须定期进行校正；水质自动监测设备应具备标样核查等自动质控体系，且满足实验室样品分析测试比对要求。

（3）监测方法要求：农业面源污染监测样品的采集、制备、运输和分析等全过程应严格按照相关标准规范开展。无论是样品采集还是样品测定，均应选择能满足监测工作需求和质量要求的监测分析方法，原则上优先选择国家颁布的标准监测分析方法，其次选择生态环境部和其他部门颁布的行业标准的监测分析方法。监测分析方法的检出限应满足环境质量标准的要求和环境实际浓度水平测试要求，所选用的方法应通过实验验证。对于水质自动监测，应规范样品预处理方法和设备，保证样品的代表性、监测数据的可比性。

7 成果形式要求

（1）小流域农业面源污染监测工作成果应包括监测断面的原始监测数据，以及农业面源污染入水体量核算结果数据。

（2）原始监测数据应包括小流域所有断面的水文、水质和气象地面监测数据，以及用于遥感水量、水质监测的原始遥感数据；农业面源污染入水体量核算结果数据应包括农业面源污染总氮、总磷、氨氮和化学需氧量入水体量结果数据。

附 录 A
（资料性附录）
小流域选取所需的资料数据收集清单

表 A.1 给出了小流域监测区选取所需的资料数据收集清单。

表 A.1 资料数据收集清单

类型	名称	来源	比例尺/分辨率/详细程度
基础地理信息数据	基础地理要素数据（行政区划、水系等）	测绘地理信息部门	1∶10 000/1∶50 000
	DEM 数据	测绘地理信息部门	30 m×30 m
	高分辨率遥感影像数据	生态环境部门	优于 2 m
资源现状数据	土地利用现状数据	自然资源部门	优于 30 m
	土壤类型图	农业农村部门	矢量图
	耕地质量数据	农业农村部门	矢量图、表
环境质量数据	地表水环境质量	生态环境部门	表
	土壤生态环境质量	生态环境部门/农业农村部门	表
水文数据	水文站点地理坐标	水利部门	矢量图
	径流量	水利部门	表
农业生产水平	种植业分布	农业农村直联直报系统	乡镇
	养殖业分布		乡镇
	环境统计数据	生态环境部门	表

附 录 B
（资料性附录）
流量遥感监测方法

流量遥感监测是基于无人机低空遥感数据、多源卫星遥感数据、水文模型共同构建三维河道数字模型，获取河流断面时间序列流量数据，技术步骤及要求如下：

（1）无人机飞行控制：建议选择消费级无人机进行河道断面的低空测量，无人机飞行高度初定为 70～120 m，以河道为中心设置飞行航线，如飞行范围设置为 150 m×80 m，其中 150 m 为河流方向航线长度，80 m 为河道两侧总宽度。根据预设航带、高度、控制点开展控制飞行，飞行时保证每次起飞点高度统一，每条航带保持相同的飞行高度，同时相邻两景影像的航行重叠度和旁向重叠度为 70%～80%，以便进行后续影像的几何校正和镶嵌分割。

（2）无人机影像数据处理：采用 Pix4Dmapper 软件对无人机影像进行处理，该软件可自动化处理无人机影像并生成正射影像（DOM）与数字表面模型（DSM），首先新建项目，导入无人机影像，再查看结果文件。

（3）卫星遥感数据获取与处理：利用卫星遥感历史数据可回访的优势来监测长时间序列的河道流量，选取空间尺度较细、重返周期较短、时间跨度长的 Landsat 系列卫星数据、Sentinel 系列卫星数据作为主要的卫星遥感数据源，提取河流河道信息。

（4）河道流量计算方法：基于 DSM 和 DOM 文件以及下载的 Landsat 系列卫星和 Sentinel-2 卫星 NDWI 数据，进行长时间序列河道流量计算，主要包括数字河道模型的构建、水面宽度的遥感反演、单次河道流量的计算以及批量河道流量计算，均基于 ENVI 5.3+IDL 8.5 进行程序化自动处理，具体操作步骤详见编制说明。

附 录 C
（资料性附录）
水质遥感监测方法

　　野外利用光谱仪测量的水面光谱数据是连续曲线，而卫星影像是离散的多光谱波段，因此需要对实测光谱曲线做等效模拟，技术步骤及要求如下：

　　（1）通过室内处理得到水体的遥感反射率，参考所需卫星影像各波段的光谱响应函数，将实测的遥感反射率等效模拟到卫星影像的多光谱波段，得到等效后的各波段的遥感反射率。

　　（2）对等效后各波段遥感反射率与总氮、总磷、氨氮、化学需氧量进行相关性分析，得到与这些参数相关性较强的波段及波段组合，一般单个波段的遥感反射率容易受到大气的影响，导致反演结果不稳定，一般采用波段比值法可有效减少部分大气带来的影响。

　　（3）随机选择样本点的 2/3 样本与实测的总氮、总磷、氨氮、化学需氧量建立反演模型，将剩余的 1/3 样本用于模型的精度验证。

第 6 章

农业面源污染遥感监测评估技术规定（试行）

前　言

为贯彻《中华人民共和国环境保护法》和《中华人民共和国水污染防治法》，规范和指导农业面源污染遥感监测与评估工作，防治水环境污染，改善水环境质量，制定本规定。

本规定描述了农业面源污染遥感监测的方法、产品制作、质量控制等内容。

本规定为首次发布。

本规定起草单位：生态环境部卫星环境应用中心。

本规定验证单位：陕西省环境监测中心站、甘肃省生态环境科学设计研究院。

本规定由生态环境部卫星环境应用中心 2022 年 3 月 18 日批准。

本规定自 2022 年 3 月 18 日起实施。

本规定由生态环境部卫星环境应用中心解释。

1　适用范围

本技术规定包括基于卫星遥感进行农业面源污染负荷估算、识别重点监管区域的技术方法和技术流程等。

本技术规定适用于全国—流域—行政区等多尺度的农田径流、畜禽养殖、农村生活和水土流失型的农业面源污染遥感监测评估。

2　规范性引用文件

本技术规定引用了下列文件或其中的条款。凡是未注明日期的引用文件，其最新版本适用于本标准。

GB 3838—2002　地表水环境质量标准

GB/T 21010—2017　土地利用现状分类

GB/T 27522—2011　畜禽养殖污水采样技术规范

CJ/T 313—2009　生活垃圾采样和分析方法

3　术语和定义

3.1　农业面源污染　agricultural non-point source pollution

指种植业、养殖业生产及农村生活等带来的污染物在降水、融雪、灌水等水过程驱动下以径流淋溶等途径汇入水体，造成水环境质量下降的一种污染形式。

3.2　农业面源污染排放负荷　agricultural non-point source pollution discharge load

指在一定时间内，单位面积上某农业面源污染物受降水冲刷、融雪径流、农田退水等因素影响进而排入环境的量。

3.3　农业面源污染入水体量　inflow amount of agricultural non-point source pollution

指在一定时间内，某农业面源污染物受降水冲刷、融雪径流、农田退水等因素影响进而进入水体的量。

3.4　溶解态污染物　dissolved pollutant

指具有水溶性、能够随地表径流迁移的污染物，其迁移过程受水循环控制。

3.5　颗粒态污染物　particulate pollutant

指通过附着在土壤颗粒体而迁移运动的污染物，其迁移过程与水土流失密切相关。

3.6　农业面源污染物入水体系数　inflow coefficient of agricultural non-point source pollution

指农业面源污染物进入水体的比例，按照污染物存在形式，分为溶解态污染物入水体系数和颗粒态污染物入水体系数。

3.7　农田养分平衡　nutrient balance of farmland

指农田土壤养分输入量与输出量之差。当其为负值时，表示土壤养分输出大于输入，处于亏损状态；当其为正值时，表示土壤养分输入大于输出，处于盈余状态。

4　总则

4.1　原则

本技术规定的内容遵循规范性、可操作性、先进性和经济技术可行性的原则。

4.2　内容

本技术规定主要采用遥感分布式面源污染估算模型（Diffuse Pollution Estimation with Remote Sensing，DPeRS）对多尺度、多类型、多指标农业面源污染负荷的时空特征进行定量分析，从空间上识别农业面源污染重点区域及主要污染类型，服务于农业面源污染综合管控及水环境管理政策的制定，支撑农业面源污染治理与监督指导工作。

5 评估指标

农业面源污染遥感监测评估指标主要为农业面源污染排放负荷和农业面源污染物入水体量，包括溶解态污染物和颗粒态污染物 2 个元素形态，农田径流型、农村生活型、畜禽养殖型和水土流失型 4 个污染类型，具体污染指标包括总氮（TN）、总磷（TP）、氨氮（NH_4^+-N）和化学需氧量（COD_{Cr}）。进一步识别农业面源污染优控区，包括 I 类农业面源优控区、II 类农业面源优控区和一般农业面源污染控制区 3 类（表 1）。

表 1　农业面源污染遥感监测评估指标

一级分类	二级分类	三级分类	评估指标
农业面源污染排放负荷	溶解态农业面源污染排放负荷	农田径流型面源污染排放负荷	TN、TP、NH_4^+-N 和 COD_{Cr}
		农村生活型面源污染排放负荷	TN、TP、NH_4^+-N 和 COD_{Cr}
		畜禽养殖型面源污染排放负荷	TN、TP、NH_4^+-N 和 COD_{Cr}
	颗粒态农业面源污染排放负荷	水土流失型农田颗粒态污染排放负荷	TN 和 TP
农业面源污染物入水体量	溶解态农业面源污染物入水体量	农田径流型面源污染物入水体量	TN、TP、NH_4^+-N 和 COD_{Cr}
		农村生活型面源污染物入水体量	TN、TP、NH_4^+-N 和 COD_{Cr}
		畜禽养殖型面源污染物入水体量	TN、TP、NH_4^+-N 和 COD_{Cr}
	颗粒态农业面源污染物入水体量	水土流失型农田颗粒态污染物入水体量	TN 和 TP
农业面源污染优控区	I 类农业面源优控区	—	TN、TP、NH_4^+-N 和 COD_{Cr}
	II 类农业面源优控区	—	TN、TP、NH_4^+-N 和 COD_{Cr}
	一般农业面源污染控制区	—	TN、TP、NH_4^+-N 和 COD_{Cr}

6 评估方法

农业面源污染遥感监测流程：基于遥感、气象、水文、农业统计数据和数字高程模型数据（DEM）等，构建 DPeRS 模型数据库，开展农业面源污染排放负荷和入水体负荷的空间估算、重污染区识别及污染类型识别。

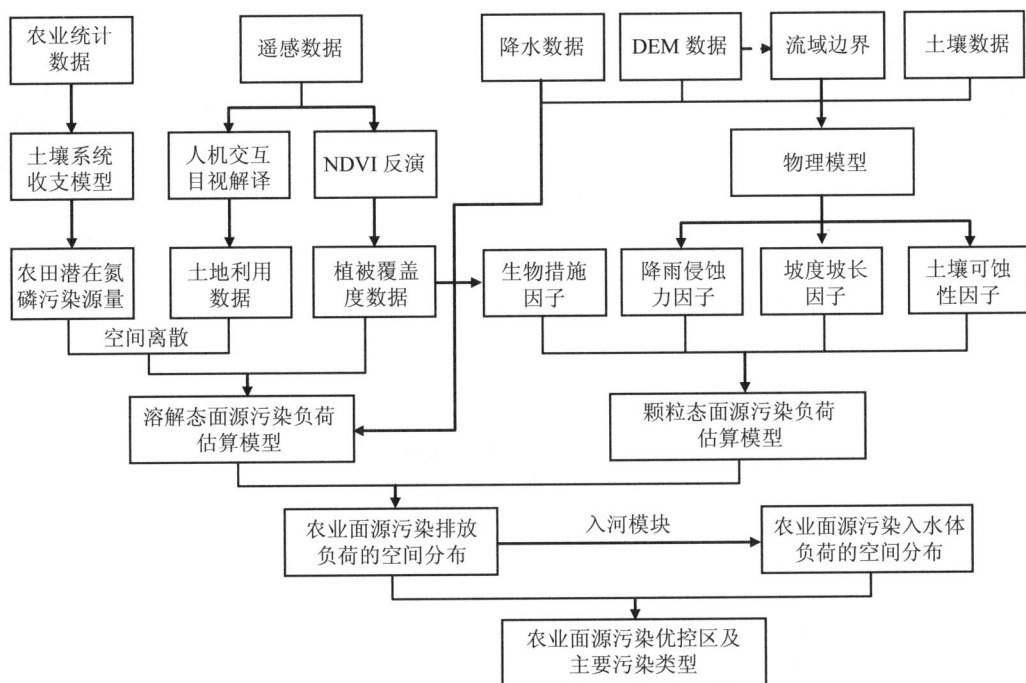

图 1　农业面源污染遥感监测评估技术流程（DPeRS 模型）

7　数据来源

本技术规定所用数据（附录 B 中表 B.1）主要有以下 3 个来源：

（1）遥感监测数据，主要包括流域边界、坡度数据、坡长数据、土地利用数据和植被覆盖度数据。

（2）水文模拟数据，主要包括入水体系数数据。

（3）权威机构公布的社会公共资源数据，主要包括农田氮磷平衡数据、模型相关的生活参数、降水量数据和土壤数据等。

8　核算方法

8.1　农业面源污染负荷估算

采用 DPeRS 模型对不同尺度农业面源污染负荷进行空间估算，包括溶解态和颗粒态农业面源污染负荷估算及污染入水体量的估算。

8.1.1 溶解态农业面源污染负荷估算

溶解态农业面源污染包括农田径流、农村生活和畜禽养殖三种污染类型，具体估算方法如下。

$$C_{Dis} = C_{Dis\_agr} + C_{Dis\_rur} + C_{Dis\_liv} \tag{1}$$

式中：C_{Dis}——年溶解态面源污染负荷，t/km^2；

$\quad\quad C_{Dis\_agr}$——农田年溶解态面源污染负荷，t/km^2；

$\quad\quad C_{Dis\_rur}$——溶解态农村居民点面源污染负荷，t/km^2；

$\quad\quad C_{Dis\_liv}$——溶解态畜禽养殖面源污染负荷，t/km^2。

（1）农田径流型面源污染负荷估算

$$C_{Dis\_agr} = \begin{cases} \sum_{m=1}^{2}\sum_{j=1}^{12} \dfrac{\varepsilon}{\varepsilon_0} \times \left(1 - e^{-krt}\right) \times \left(Q_{balm} + L_m\right) \times N, P \geqslant r \\ 0, P < r \end{cases} \tag{2}$$

$$N_i = slop_{co} \times Veg_{co} \times Soil_{co} \tag{3}$$

式中：C_{Dis_agr}——农田年溶解态面源污染负荷，t/km^2；

$\quad\quad m$——污染物类型（1 为 TN，2 为 TP）；

$\quad\quad j$——一年中的月份；

$\quad\quad \varepsilon$——径流系数；

$\quad\quad \varepsilon_0$——标准径流系数，反映不透水硬化地面情况，默认取值为 0.87；

$\quad\quad L_m$——m 污染物降水发生后剩余污染物水平，t/km^2；

$\quad\quad K$——地面冲刷系数；

$\quad\quad r$——降雨强度，mm/d；

$\quad\quad t$——降雨历时，h；

$\quad\quad P$——日降水量，mm/d；

$\quad\quad Q_{balm}$——取决于氮磷平衡量；

$\quad\quad N$——自然因子修正系数，用来表征对农业面源污染物空间分布产生影响的主要自然因子的空间异质性；

$\quad\quad slop_{co}$——坡度因子；

$\quad\quad veg_{co}$——植被因子；

$\quad\quad soil_{co}$——土壤侵蚀因子。

（2）农村生活型面源污染负荷估算

$$C_{\mathrm{Dis\_rur}} = \begin{cases} \sum\limits_{m=1}^{4}\sum\limits_{j=1}^{12} \dfrac{\varepsilon}{\varepsilon_0} \times \left(1-\mathrm{e}^{-krt}\right) \times \left(\gamma_m \times C \times D + L_m\right) \times (1-W), & P \geqslant r \\ 0, & P < r \end{cases} \tag{4}$$

式中：$C_{\mathrm{Dis\_rur}}$——溶解态农村居民点面源污染负荷，t/km^2；

　　　W——垃圾处理率；

　　　U——农业面源污染物进入管网比率；

　　　γ_m——不同污染物的运移系数，代表了总氮（TN）、总磷（TP）、化学需氧量（COD$_{\mathrm{Cr}}$）和氨氮（NH$_4^+$-N）等不同类型污染物在总面源负荷重的质量比；

　　　C——垃圾和粪便累积量，t/（km^2·d）；

　　　D——降雨间隔天数，d。

（3）畜禽养殖型面源污染负荷估算

进行畜禽养殖面源负荷计算时，牲畜按照大牲畜和小牲畜分别计算，其中大牲畜包括牛、马、驴、骡和骆驼；小牲畜包括猪、羊和家禽（鸡和鸭）。

$$C_{\mathrm{Dis\_liv}} = \begin{cases} \sum\limits_{m=1}^{4}\sum\limits_{j=1}^{12} \dfrac{\varepsilon}{\varepsilon_0} \times \left(1-\mathrm{e}^{-krt}\right) \times \left(\gamma_m \times C \times D + L_m\right), & P \geqslant r \\ 0, & P < r \end{cases} \tag{5}$$

式中：$C_{\mathrm{Dis\_liv}}$——溶解态畜禽养殖面源污染负荷，t/km^2。

8.1.2 颗粒态农业面源污染负荷估算

颗粒态农业面源污染主要包括水土流失型农田颗粒态污染，具体估算方法如下。

颗粒态 N 和 P 依据土壤侵蚀进行计算，计算方式如下：

$$C_{\mathrm{Ads}} = A \times Q_a \times E_r \times 10^{-6} \tag{6}$$

$$A = R \times K \times L \times S \times C \times P \tag{7}$$

式中：C_{Ads}——颗粒态农业面源污染负荷，t/km^2；

　　　A——农田土壤侵蚀量，t/（km^2·a）；

　　　Q_a——农田土壤中 N、P 含量，mg/kg；

　　　E_r——时段 N、P 平均富集系数；

　　　R——降雨侵蚀力因子，MJ·mm/（hm^2·h·a）；

　　　K——土壤蚀性因子，t·hm^2·h/（MJ·mm·hm^2）；

　　　L、S——地形因子，无量纲；

　　　C——作物因子，无量纲；

　　　P——水土保持措施因子，无量纲。

8.2 农业面源污染物入水体量估算

农业面源污染入水体过程非常复杂，入水体系数与当年的降水强度紧密相关，因此需要一个动态反映入水体过程的系数。DPeRS 模型中将农业面源入水体污染系数分解为地表径流系数和泥沙输移系数两部分，分别对应溶解态污染物和颗粒态污染物入水体量的计算。其中径流系数和泥沙输移系数分别在水文单元分区中计算。结合 DEM 高程数据和监测站点点位信息空间数据，对流域进行水文单元分区，分别计算每个水分分区内的径流系数和泥沙输移系数，具体计算方法如下：

$$Q_{discharge} = (C_{Dis} \times CR + C_{Ads} \times SDR) \times A_{rea} \tag{8}$$

式中：$Q_{discharge}$——农业面源污染物入水体量，t；

CR——径流系数，无量纲；

SDR——泥沙输移比例，可基于年均土壤流失量（t）和侵蚀产生量（t）进行计算。

8.3 农业面源污染优控区识别

基于生态环境部水生态环境司提出的控制单元或汇水范围，结合其所在省份农业面源污染本底阈值，进行农业面源污染优控区识别。其中，省份农业面源污染本底阈值为采用 DPeRS 模型评估的各省份 2005 年、2010 年和 2015 年的农业面源污染量的平均结果，详见附录 C 表 C.2。农业面源污染优控区判别方法具体如下：

（1）Ⅰ类农业面源优控区：农业面源污染排放负荷和入水体量均大于研究区所在省份阈值的单元/汇水区被判定为最优先控制单元/汇水区，作为源头和入水体过程协同Ⅰ类优控区。

（2）Ⅱ类农业面源优控区：农业面源排放负荷大而入水体量小或者排放负荷小而入水体量大的控制单元/汇水区判定为Ⅱ类农业面源优控区，分别作为源头Ⅱ类优控区和入水体过程Ⅱ类优控区。

（3）一般农业面源污染控制区：除上述外的其他情况。

9 质量控制

（1）输入数据质量控制

1）卫星数据质量：避免有条带的遥感数据参与数据处理；遥感图像云层覆盖应不超过 10%，避免使用覆盖研究区域的云层所占比例过多的遥感数据；确认配准遥感数据几何位置，配准精度在一个像元之内。

2）农田氮磷平衡数据质量：统计指标数据通过查阅全国、省、市和县级统计年鉴进行数据填写和校核，并通过农田氮磷平衡结果进行错误数据的追踪和修改，保证数据的精度。

3）降水量数据质量：首先采用气候学界限值检查，进而剔除阈值外的观测数据；其次根据区域范围内邻近观测站信息对目标站观测值进行预测，目标站点的观测值与周围站点观测平均值的偏差幅度应该在一个合理的范围内，反之剔除。

（2）模拟结果精度验证

在农业面源污染比较集中、点源相对较少的闭合小流域进行监测试验，获取的地面监测数据可用于验证模型模拟结果。

附　录　A
（资料性附录）
农业面源污染遥感监测评估产品示例

图A.1给出了海河流域遥感监测评估的农业面源污染 TN 排放负荷和入水体负荷的空间分布及 TN 优控区分布。

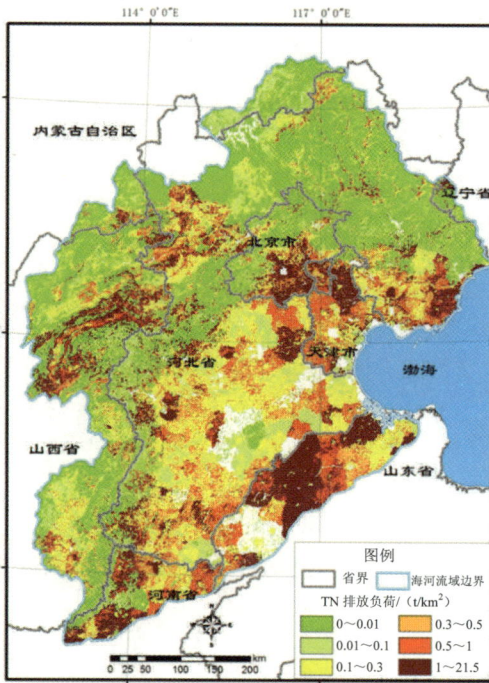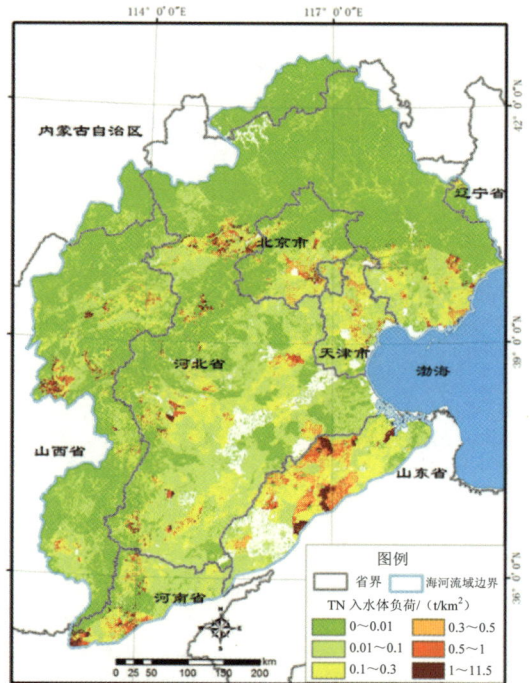

（a）TN 排放负荷　　　　　　　　　　　（b）TN 入水体负荷

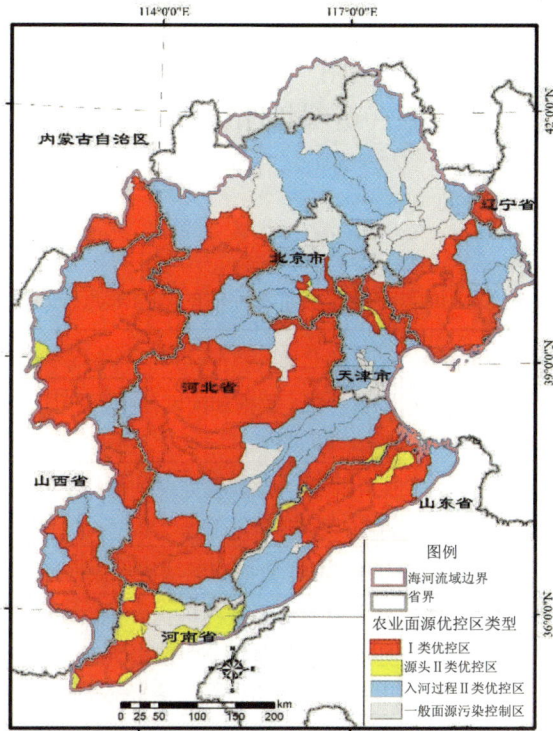

（c）TN 优控区

图 A.1 海河流域农业面源污染 TN 负荷和优控区空间分布

附 录 B
（资料性附录）

表 B.1　农业面源污染遥感监测评估的数据来源和处理方法

数据类型	数据名称	格式	处理方法
遥感监测数据	流域边界	栅格	基于 DEM 数据和河网数据,采用地理信息数据处理软件进行流域边界提取
	坡度数据	栅格	采用地理信息数据处理软件的空间分析功能,基于 DEM 数据计算流域坡度空间数据
	坡长数据	栅格	基于 DEM 数据和流域边界数据计算流域的坡长空间数据
	土地利用数据	栅格	对卫星影像数据经过辐射定标、几何校正、大气校正的数据前处理,按照监督分类的最大似然法以人机交互方式完成土地利用解译。土地利用分类系统参见附录 B 表 B.2
	植被覆盖度数据	栅格	利用遥感图像处理平台对遥感影像数据进行提取,经过图像辐射定标、几何校正、大气校正等数据前处理,经过图像拼接和裁剪后按像元二分法对植被覆盖度进行计算
水文模拟数据	入水体系数数据	数值/栅格	农业面源污染入水体系数包括地表径流系数和泥沙输移系数。基于 DEM 数据和监测站点点位信息空间数据,对流域进行水文单元分区,地表径流系数（CR）为年径流量（Runoff）与年降水量（Prec）的比值,泥沙输移系数（SDR）为年均土壤流失量（Sed）与土壤侵蚀产生量（Sel）的比值
权威机构公布的社会公共资源数据	农田氮磷平衡数据	数值/栅格	基于人口量、作物产量及播种面积、施肥量和养殖量等指标（附录 B 表 B.3）的统计调查数据,采用输入输出法计算得到研究区农田氮磷平衡数据
	模型相关的生活参数	数值/栅格	参数主要包括不同类型的单位污染物中 TN、TP、NH_4^+-N 和 COD_{Cr} 的含量,以及不同地区污染类型的源强、垃圾累计率、垃圾处理率和垃圾入网率等（附录 B 表 B.4）,上述参数可基于文献查阅、实地调查或地面监测实验等方式获取
	降水量数据	数值/栅格	基于站点月降水数据,采用地理信息数据处理软件进行降水量的空间插值,得到所需时段的月降水空间分布
	土壤数据	数值/栅格	基于我国 1∶1 000 000 土壤类型矢量数据利用地理信息数据处理软件的裁剪功能获得土壤类型数据,基于第二次全国土壤普查土壤剖面数据利用地理信息数据处理软件进行空间差值和裁剪获得土壤理化属性数据

表 B.2 土地利用现状分类和编码

一级类型		二级类型		含义
编号	名称	编号	名称	
1	耕地	—	—	种植农作物的土地,包括熟耕地、新开荒地、休闲地、轮歇地、草田轮作地;以种植农作物为主的农果、农桑、农林用地;耕种三年以上的滩地和滩涂
		11	水田	有水源保证和灌溉设施,在一般年景能正常灌溉,用以种植水稻、莲藕等水生农作物的耕地,包括实行水稻和旱地作物轮种的耕地
		12	旱地	无灌溉水源及设施,靠天然降水生长作物的耕地;有水源和浇灌设施,在一般年景下能正常灌溉的旱作物耕地;以种菜为主的耕地,正常轮作的休闲地和轮歇地
2	林地	—	—	生长乔木、灌木、竹类以及沿海红树林地等林业用地
		21	有林地	郁闭度>30%的天然林和人工林。包括用材林、经济林、防护林等成片林地
		22	灌木林	郁闭度>40%、高度在2 m以下的矮林地和灌丛林地
		23	疏林地	疏林地(郁闭度为10%~30%)
		24	其他林地	未成林造林地、迹地、苗圃及各类园地(果园、桑园、茶园、热作林园地等)
3	草地	—	—	以生长草本植物为主,覆盖度在5%以上的各类草地,包括以牧为主的灌丛草地和郁闭度在10%以下的疏林草地
		31	高覆盖度草地	覆盖度>50%的天然草地、改良草地和割草地。此类草地一般水分条件较好,草被生长茂密
		32	中覆盖度草地	覆盖度为20%~50%的天然草地和改良草地,此类草地一般水分不足,草被较稀疏
		33	低覆盖度草地	覆盖度为5%~20%的天然草地。此类草地水分缺乏,草被稀疏,牧业利用条件差
4	水域	—	—	天然陆地水域和水利设施用地
		41	河渠	天然形成或人工开挖的河流及主干渠常年水位以下的土地,人工渠包括堤岸
		42	湖泊	天然形成的积水区常年水位以下的土地
		43	水库坑塘	人工修建的蓄水区常年水位以下的土地
		44	永久性冰川雪地	常年被冰川和积雪所覆盖的土地
		45	滩涂	沿海大潮高潮位与低潮位之间的潮侵地带
		46	滩地	河、湖水域平水期水位与洪水期水位之间的土地

一级类型		二级类型		含义
编号	名称	编号	名称	
5	城乡、工矿、居民用地	—	—	城乡居民点及县镇以外的工矿、交通等用地
		51	城镇用地	大、中、小城市及县镇以上建成区用地
		52	农村居民点	农村居民点
		53	其他建设用地	独立于城镇以外的厂矿、大型工业区、油田、盐场、采石场等用地、交通道路、机场及特殊用地
6	未利用土地	—	—	目前还未利用的土地，包括难利用的土地
		61	沙地	地表为沙覆盖，植被覆盖度在 5% 以下的土地，包括沙漠，不包括水系中的沙滩
		62	戈壁	地表以碎砾石为主，植被覆盖度在 5% 以下的土地
		63	盐碱地	地表盐碱聚集，植被稀少，只能生长耐盐碱植物的土地
		64	沼泽地	地势平坦低洼，排水不畅，长期潮湿，季节性积水或常积水，表层生长湿生植物的土地
		65	裸土地	地表土质覆盖，植被覆盖度在 5% 以下的土地
		66	裸岩石砾地	地表为岩石或石砾，其覆盖面积＞5% 的土地
		67	其他	其他未利用土地，包括高寒荒漠、苔原等

表 B.3 区域统计指标清单

编号	指标名称	编号	指标名称
1	总人口	26	甘蔗总产
2	乡村人口	27	甜菜总产
3	耕地面积	28	水稻播种面积
4	水田（或旱地）面积	29	小麦播种面积
5	灌溉面积	30	玉米播种面积
6	氮肥纯量	31	大豆播种面积
7	磷肥纯量	32	蔬菜总产
8	复合肥纯量	33	瓜果类总产
9	水稻总产	34	水果总产
10	小麦总产	35	苹果总产
11	玉米总产	36	梨总产
12	豆类总产	37	葡萄总产
13	大豆总产	38	柑橘总产
14	薯类总产	39	香蕉总产
15	高粱总产	40	干胶总产
16	谷子总产	41	干茶总产
17	杂粮总产	42	园地面积（果园+橡胶+茶园面积）
18	棉花总产	43	年末大牲畜存栏数
19	花生总产	44	年末牛存栏数
20	油菜籽总产	45	年末肉牛（或乳牛）存栏数
21	芝麻总产	46	年末羊存栏数
22	胡麻籽总产	47	猪出栏数
23	葵花籽总产	48	年末猪存栏数
24	麻类总产	49	禽肉产量（肉禽出栏数）
25	烤烟总产	50	禽蛋产量（产蛋家禽存栏数）

表 B.4 区域调查清单

参数列表	统计单元
农村生活垃圾处理率及垃圾氮磷含量	省/市/县/乡镇级
畜禽粪便处理方式、处理量、处理率	
主要农作物的种植模式及耕作方式（种植模式：一年一熟、一年二熟、一年三熟、两年三熟等；耕作方式：单作、连作、轮作、间作、套作和混作等）	

附 录 C
（资料性附录）

表 C.1 农业面源污染负荷估算模型（DPeRS）结果列表

类型	文件命名及格式	含义	单位
农业面源污染总量	total.img	面源总污染负荷	t/km²
	total_disv.img	溶解态面源污染负荷	
农业面源四个指标污染总量（含所有类型）	NH₄⁺-N.img	NH₄⁺-N 月/年负荷	t/km²
	TN.img	TN 月/年负荷	
	TP.img	TP 月/年负荷	
	COD$_{Cr}$.img	COD$_{Cr}$ 月/年负荷	
溶解态氮磷污染	TN_disv_.img	溶解态 TN 月/年负荷	t/km²
	TP_disv_.img	溶解态 TP 月/年负荷	
水土流失型	E_.img	土壤侵蚀强度	t/km²
	E_TN_.img	颗粒态 TN 年负荷	
	E_TP_.img	颗粒态 TP 年负荷	
农田径流型（溶解态）	agr_NH₄⁺-N_.img	NH₄⁺-N 月/年负荷	t/km²
	agr_TN.img	TN 月/年负荷	
	agr_TP.img	TP 月/年负荷	
农田径流型（颗粒态）	farm_E_TN.img	TN 年负荷	t/km²
	farm_E_TP.img	TP 年负荷	
农田径流型（溶解态+颗粒态）	agr_total_TN.img	TN 年负荷	t/km²
	agr_total_TP.img	TP 年负荷	
农村生活型	Cou_NH₄⁺-N.img	NH₄⁺-N 月/年负荷	t/km²
	Cou_TN.img	TN 月/年负荷	
	Cou_TP.img	TP 月/年负荷	
	Cou_COD$_{Cr}$.img	COD$_{Cr}$ 月/年负荷	
畜禽养殖型（大牲畜、小牲畜和家禽）	Cattle_NH₄⁺-N.img	NH₄⁺-N 月/年负荷	t/km²
	Cattle_TN.img	TN 月/年负荷	
	Cattle_TP.img	TP 月/年负荷	
	Cattle_COD$_{Cr}$.img	COD$_{Cr}$ 月/年负荷	

表 C.2 全国各省（区、市）农业面源污染优控区筛选阈值

省份	TN 阈值		TP 阈值		NH$_4^+$-N 阈值		COD$_{Cr}$ 阈值	
	排放负荷/（t/km^2）	入水体量/t	排放负荷/（t/km^2）	入水体量/t	排放负荷/（t/km^2）	入水体量/t	排放负荷/（t/km^2）	入水体量/t
北京市	0.32	24.0	0.01	1.0	0.15	11.3	0.70	55.2
天津市	0.47	38.5	0.02	1.7	0.19	14.4	0.82	63.1
河北省	0.27	33.3	0.02	1.9	0.11	14.1	1.34	142.6
山西省	0.11	15.5	0.01	2.3	0.05	5.6	0.12	29.6
内蒙古自治区	0.02	20.7	0.001	0.8	0.01	3.5	0.05	22.9
辽宁省	0.20	101.6	0.00	2.3	0.06	33.9	1.19	599.1
吉林省	0.17	189.5	0.01	5.5	0.03	35.2	0.49	435.6
黑龙江省	0.02	45.3	0.001	2.2	0.004	8.3	0.09	197.7
上海市	0.24	45.4	0.01	1.9	0.16	31.3	1.22	237.8
江苏省	1.40	435.6	0.05	13.3	0.81	255.0	1.63	518.3
浙江省	0.57	387.6	0.01	6.4	0.32	216.8	0.63	312.9
安徽省	1.13	682.9	0.05	33.1	0.68	407.1	0.99	641.1
福建省	0.53	609.8	0.01	15.8	0.31	358.5	0.56	579.1
江西省	1.73	1 766.7	0.10	97.1	0.99	1 003.2	0.37	351.9
山东省	0.52	123.1	0.04	8.6	0.22	51.2	3.62	909.0
河南省	0.47	236.4	0.04	19.4	0.27	134.4	2.32	1 230.6
湖北省	2.34	1 800.4	0.08	63.2	1.42	1 083.1	0.46	302.1
湖南省	2.56	4 652.3	0.05	93.9	1.58	2 898.0	0.21	395.1
广东省	2.25	2 792.6	0.05	60.9	1.22	1 548.0	1.36	1 360.6
广西壮族自治区	0.58	1 578.5	0.02	49.2	0.39	1 063.2	0.35	807.7
海南省	0.10	121.4	0.003	4.0	0.05	62.4	0.28	341.4
重庆市	2.80	2 930.3	0.07	60.0	1.95	2 080.7	0.08	64.3
四川省	2.68	3 934.4	0.08	113.2	1.82	2 632.4	0.30	377.3
贵州省	1.02	1 562.4	0.03	37.4	0.72	1 087.0	0.07	78.2
云南省	0.37	463.4	0.01	10.7	0.26	320.5	0.10	57.6
西藏自治区	0.00	0.9	0.00	0.1	0.000 01	0.2	0.00	1.6
陕西省	0.16	208.3	0.01	6.8	0.07	108.6	0.17	125.6

省份	TN 阈值		TP 阈值		NH$_4^+$-N 阈值		COD$_{Cr}$ 阈值	
	排放负荷/ (t/km^2)	入水 体量/t	排放负荷/ (t/km^2)	入水 体量/t	排放负荷/ (t/km^2)	入水 体量/t	排放负荷/ (t/km^2)	入水 体量/t
甘肃省	0.05	80.4	0.00	4.1	0.02	31.5	0.04	38.5
青海省	0.02	36.4	0.00	1.7	0.001	2.9	0.00	10.1
宁夏回族自治区	0.13	15.3	0.01	1.3	0.03	2.1	0.03	2.2
新疆维吾尔自治区	0.002	7.9	0.00	0.0	0.000 1	0.4	0.00	2.4

下 篇

系统使用手册

第7章

国家农业面源污染立体监测评估系统使用手册

1 系统概述

国家农业面源污染立体监测评估系统（以下简称国家评估系统）基于遥感分布式面源污染监测评估（DPeRS）模型算法开发，是开展全国农业面源污染监测评估的基础工具，由生态环境部卫星环境应用中心设计研发。国家评估系统提供了数据管理模块、流程化农业面源污染评估、GIS 可视化窗口、矢量及栅格数据常用处理工具等一系列功能模块，为全国农业面源污染评估提供了全面的技术支撑。

该系统具有以下特点：

（1）以工程模式进行评估计算，便于数据配置管理及计算结果的维护。

（2）通过分布式并行处理技术集成 DPeRS 模型算法，实现海量数据的大规模运算，极大提升计算效率。

（3）提供计算结果的时空统计能力，支持以报表和专报形式输出统计结果。

（4）提供了丰富的基础数据批处理工具，便于使用人员快速准备输入数据。

2 系统运行环境

系统运行软硬件环境不低于以下配置（表 7-1），软件环境的操作系统和支撑软件为必选项，否则系统无法正常运行。

表 7-1 系统运行环境

类别	设备	指标详细信息
硬件环境	CPU	8 核处理器，主频 3.0 GHz 及以上
	内存	16 GB 以上
	硬盘	1 TB 以上（如需计算 30 m 分辨率数据，请准备至少 10 TB 可用硬盘空间）

类别	设备	指标详细信息
软件环境	操作系统	Windows 7/10/11 等
	支撑软件	ENVI5.3（IDL8.5）以上版本

3 操作说明

本节主要介绍全国农业面源污染评估流程。

3.1 登录系统

国家农业面源污染立体监测评估系统提供了用户登录界面，使用人员需提供正确的用户名和密码登录该系统。登录界面如图 7-1 所示。

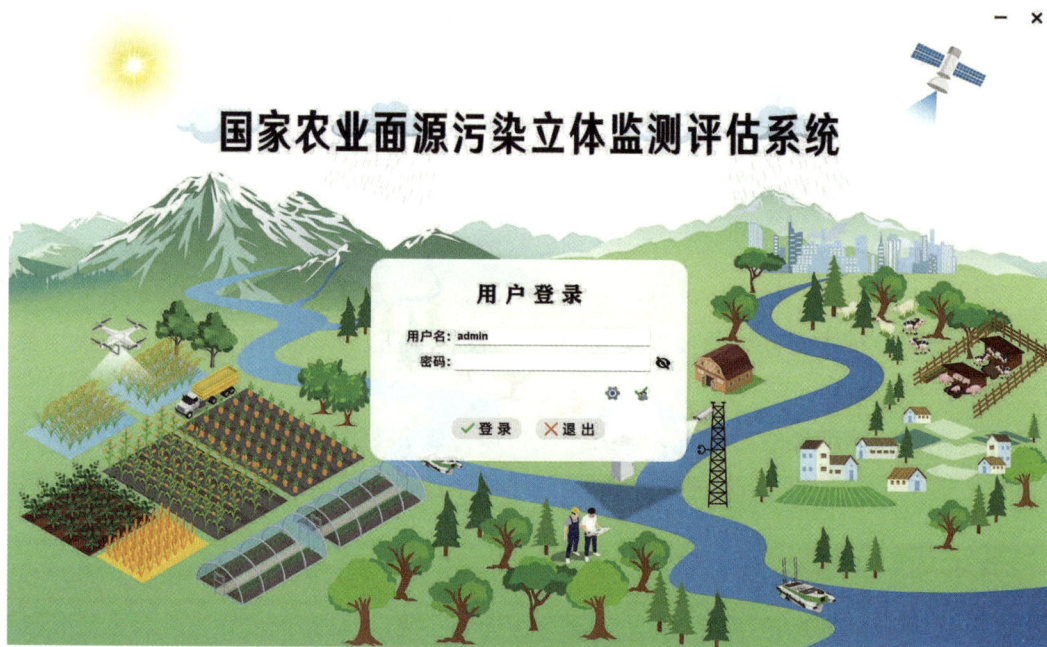

图 7-1 国家评估系统登录界面

用户输入正确用户名、密码后，可登录国家评估系统主界面，主界面包括菜单栏、工具栏、工程管理面板、地图窗口、状态栏。系统主界面如图 7-2 所示。

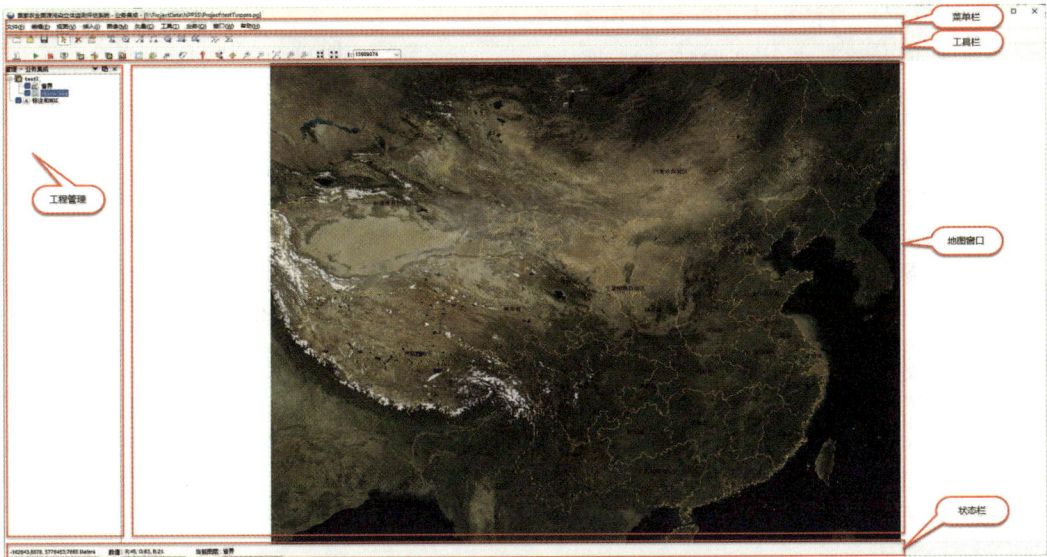

图 7-2 国家评估系统主界面

3.2 系统配置

国家评估系统提供了系统配置功能。通过【菜单】→【文件】→【系统配置】打开"系统配置"对话框，如图 7-3 所示。

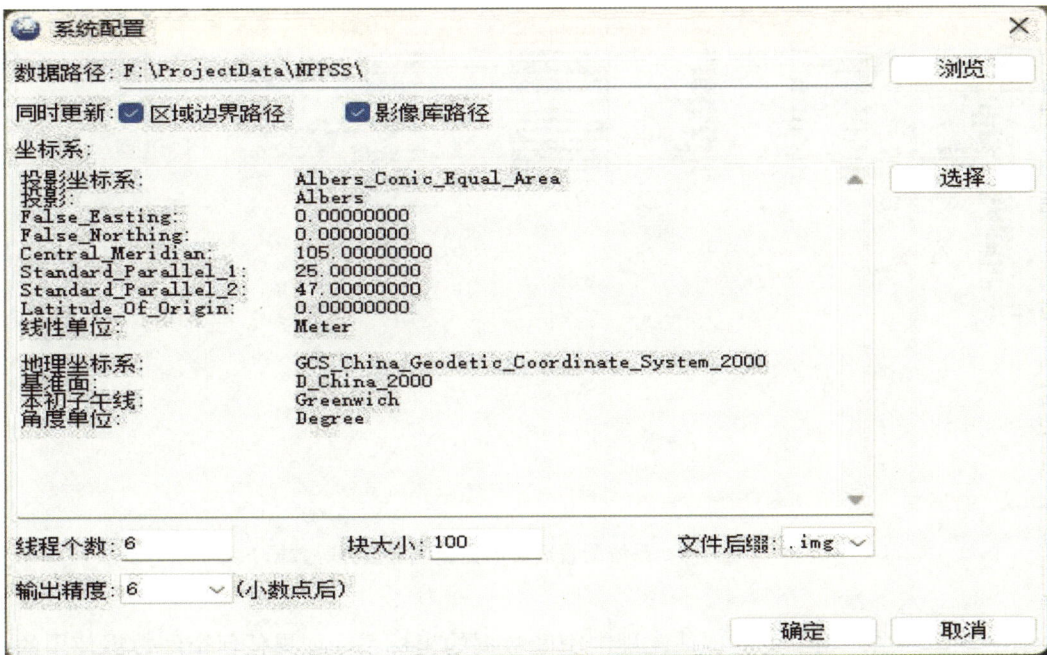

图 7-3 系统配置对话框

"系统配置"对话框中的配置项包括：

（1）数据路径：业务数据的根目录。

（2）同时更新：当设置好数据路径后，系统会更新选项"区域边界路径""影像库路径"，设置相应的数据路径，如图 7-4 所示。

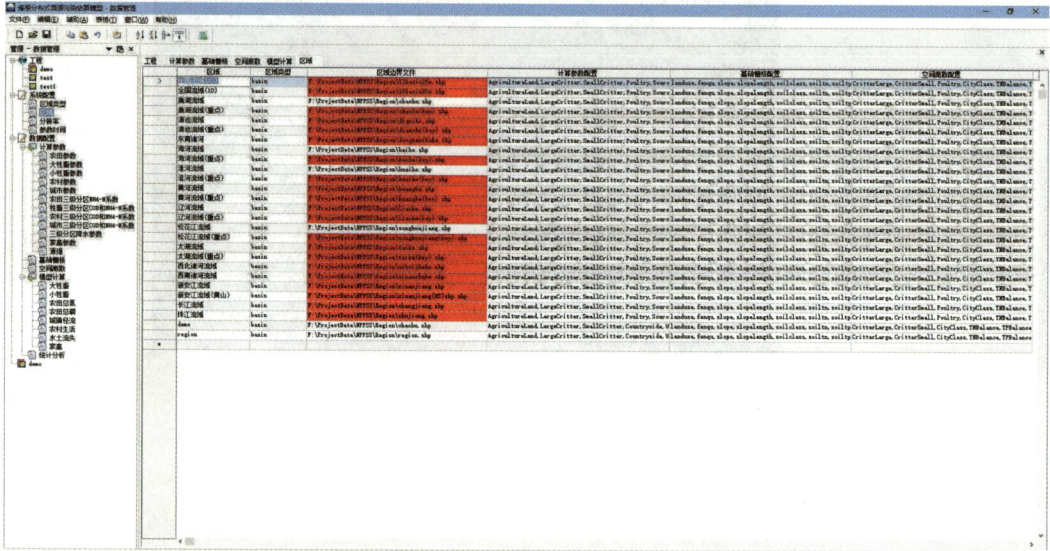

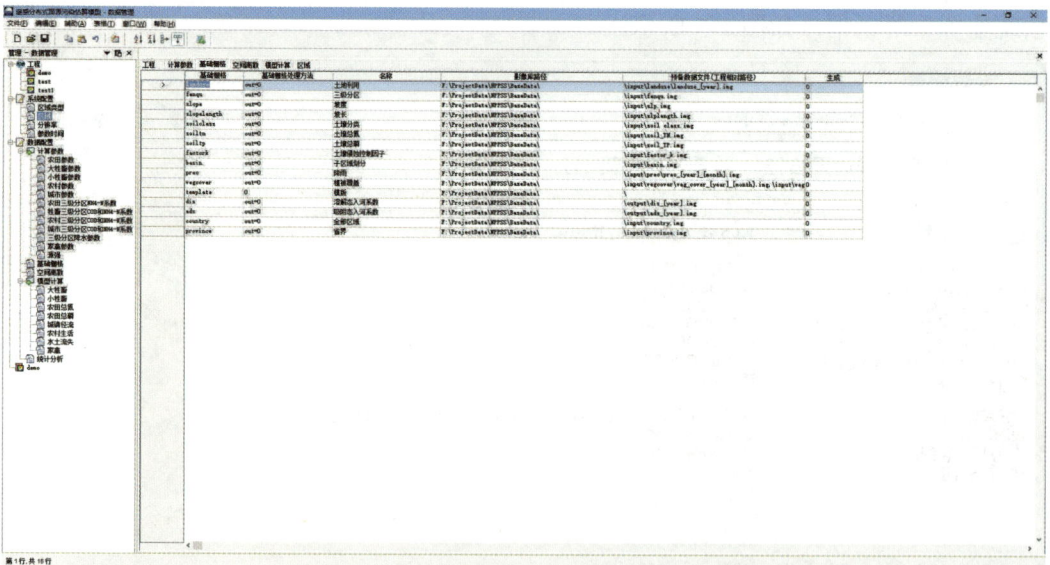

图 7-4　系统配置后自动更新区域边界等数据

（3）坐标系：用于设置评估流程中空间数据的坐标系，如果任何空间数据使用的坐标系与在此设置的坐标系不一致，系统会有相关提示，且评估流程无法正常运行。

（4）线程个数：模型计算时使用的并行线程个数。

（5）块大小：模型计算并行处理时的栅格分块大小（以像素为单位）。

（6）文件后缀：模型计算和统计分析处理结果的文件后缀。

3.3　评估流程

3.3.1　新建工程

如前文所述，国家评估系统以工程化方式管理评估数据。"新建工程"用于创建新的农业面源评估流程。在系统正常启动后，可通过点击工具栏"新建工程"或通过【菜单】→【文件】→【新建工程】打开新建工程配置对话框（图 7-5），根据业务处理要求输入或选择配置参数。

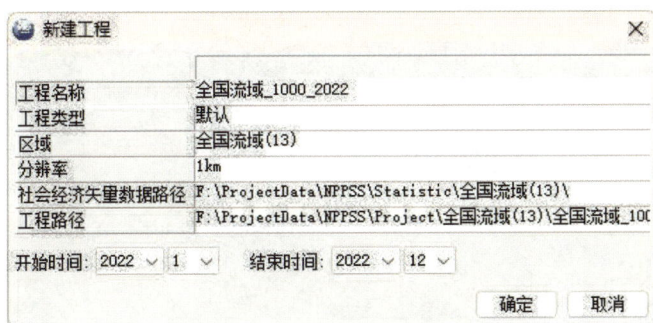

图 7-5　新建工程配置对话框

点击"确定"按钮后，系统将自动打开新建的工程，并将底图及相关区域的矢量数据导入地图视图（图 7-6）。

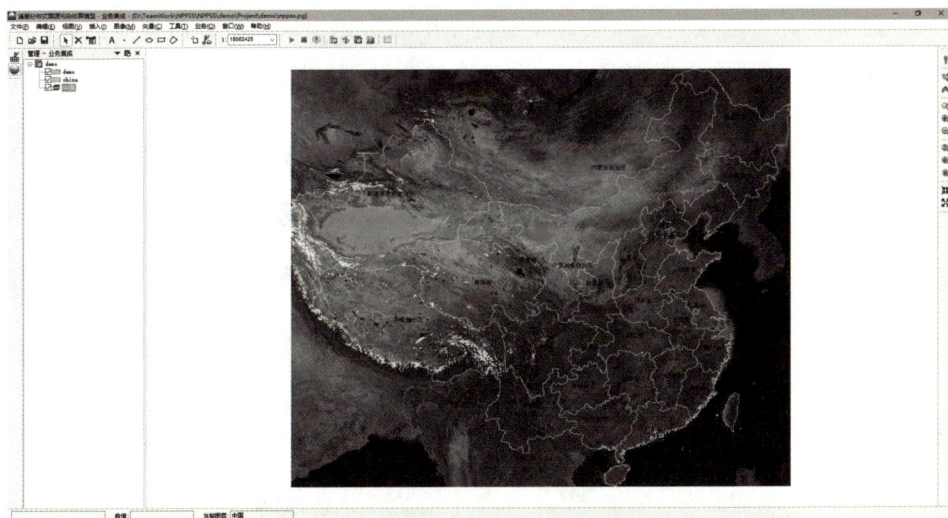

图 7-6　新建工程初始视图

在数据管理模块双击左侧"数据管理"面板中的"工程"树，可打开工程信息表（图 7-7），用户可在此修改工程配置参数，修改后无须重新打开工程，之后的业务处理会根据修改后的配置参数进行处理。

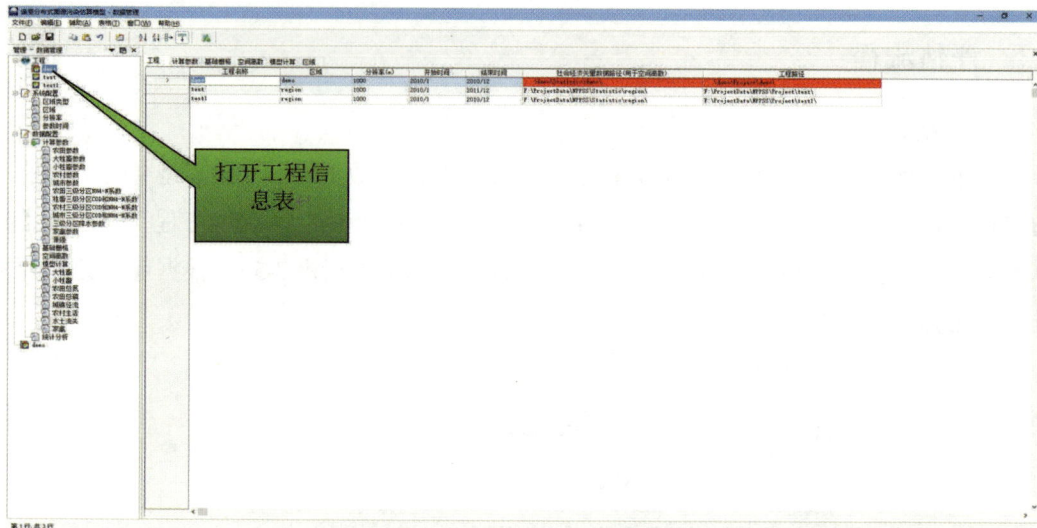

图 7-7　工程信息表

3.3.2　一键式处理

在没有进行任何处理的情况下，点击工具栏"运行"按钮或通过【菜单】→【业务】→【流程化业务集成】→【运行】开始"一键式处理"流程，系统将根据工程配置信息自动在后台处理整个业务流程，并将最终结果（统计报表）保存在工程路径的相应文件夹下。在开始"一键式处理"后，系统将自动弹出"业务流程运行监控"窗口（图 7-8），显示业务处理进度，如果处理过程中出现数据错误、计算错误等问题，自动处理流程将会终止。如果在自动处理过程中需要停止计算，可以点击工具栏"停止"按钮或通过【菜单】→【业务】→【流程化业务集成】→【停止】菜单停止自动计算。

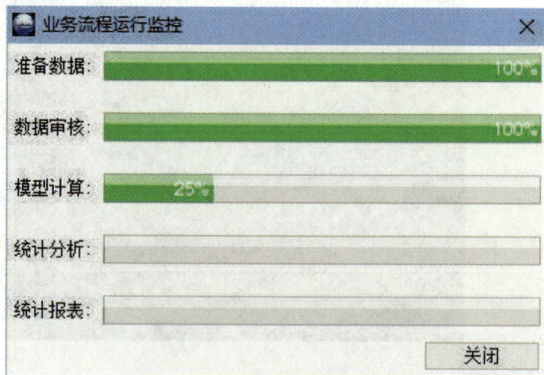

图 7-8　业务流程运行进度监控

　　在"一键式处理"过程中，用户不可修改工程配置和系统配置信息，以免造成计算错误或系统异常。在"一键式处理"过程中可打开准备数据、模型计算和统计分析的业务窗口（图 7-9～图 7-11），查看当前处理记录及处理结果列表，双击处理结果列表中的选中项，即可将此结果导入视图（如果是文本数据将会直接打开文本）进行检查、分析。

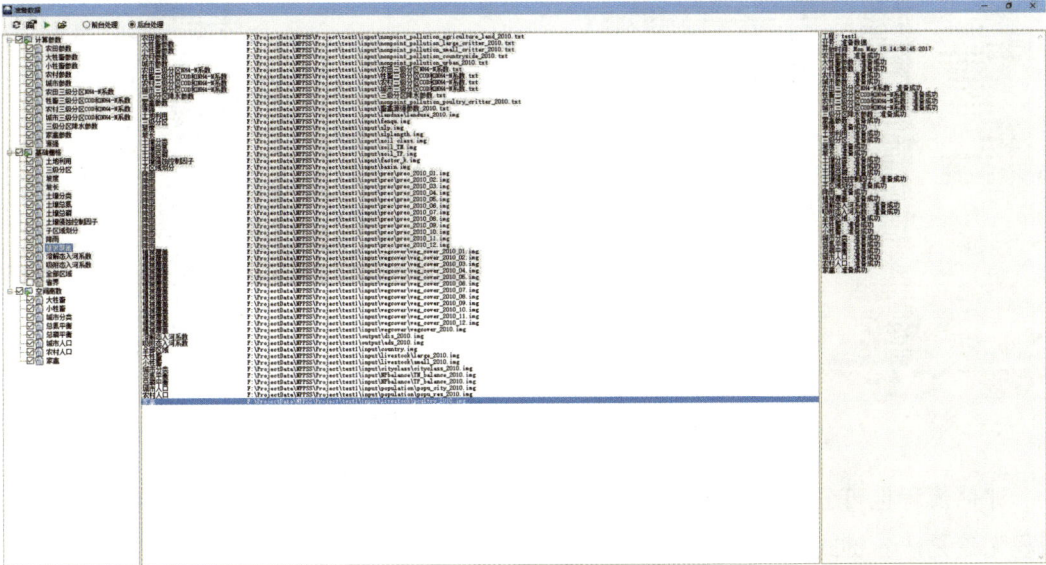

图 7-9　准备数据对话框

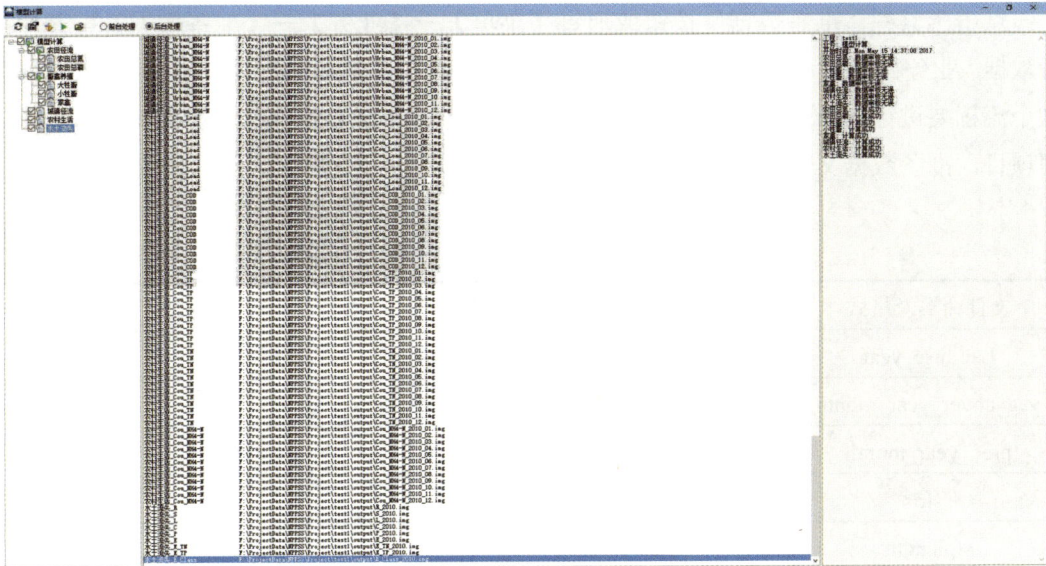

图 7-10　模型计算对话框

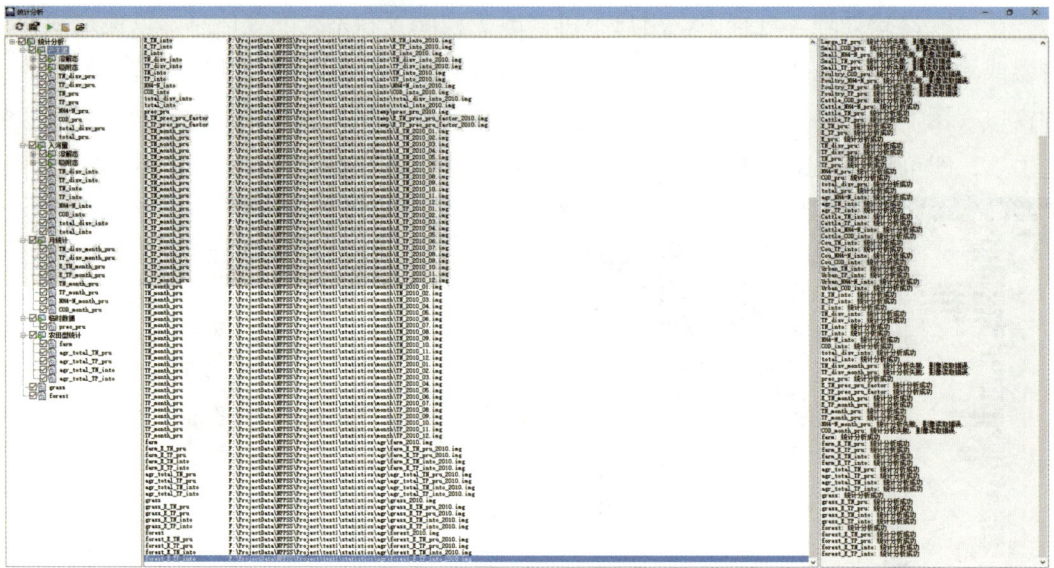

图 7-11　统计分析对话框

评估流程也可分步处理，包括"准备数据""模型计算""统计分析"等步骤。业务流程无论是"一键式处理"还是分步处理，进度都会在"业务流程运行监控"对话框中显示。

3.3.3　准备数据

点击工具栏"准备数据"按钮或通过【菜单】→【业务】→【准备数据】打开"准备数据"业务窗口。"准备数据"流程是根据工程配置的信息为模型计算准备必需的数据。这个流程要进行 3 个类型数据的准备，分别对应计算参数、基础栅格和空间离散三类处理项目，准备数据文件列表具体如表 7-2 所示。

表 7-2　准备数据文件列表

文件命名及格式	含义	单位
Landuse_year	土地利用类型图	量纲一
veg_cover_year_month	月均植被覆盖度	%
prec_year_month	月降水量	mm
slp	坡度	(°)
slplength	坡长	m
TN_balance	氮平衡量	t/km^2
TP_balance	磷平衡量	t/km^2
popu_city_year	城镇人口空间分布图	万人/km^2

文件命名及格式	含义	单位
popu_res_year	非城镇人口空间分布	万人/km^2
large	大牲畜量空间分布图	万口/km^2
small	小牲畜量空间分布图	万只/km^2
poultry	家禽饲养量空间分布图	万只/km^2
fenqu	水资源三级分区图	量纲一
cityclass_year	城市级别图	量纲一
soil class	土壤类型图	量纲一
soil_TN/ soil_TP	土壤背景中氮磷含量的空间分布图	100 g/kg
factor_k	土壤侵蚀计算中 K 因子图层数据，由土壤机械组成计算完成	t·hm^2·h/ (hm^2·MJ·mm)
TN 和 TP 的系数.txt	反映不同类型的单位污染物中所含的 TN、TP 量	—
三级分区 COD$_{Cr}$ 和 NH$_4^+$-N 系数.txt	反映不同类型的单位污染物中所含的 COD$_{Cr}$ 和 NH$_4^+$-N	—
源强、垃圾累计率、垃圾处理率和垃圾入网率.txt	根据各区域的经济发展状况，确定不同地区不同污染类型的源强、垃圾累计率、垃圾处理率和垃圾入网率	—
三级分区降水参数.txt	用于三级分区中统计每月降水量在 5 mm 和 12.7 mm 以上的降水次数，从而计算出地表的垃圾累积量	—

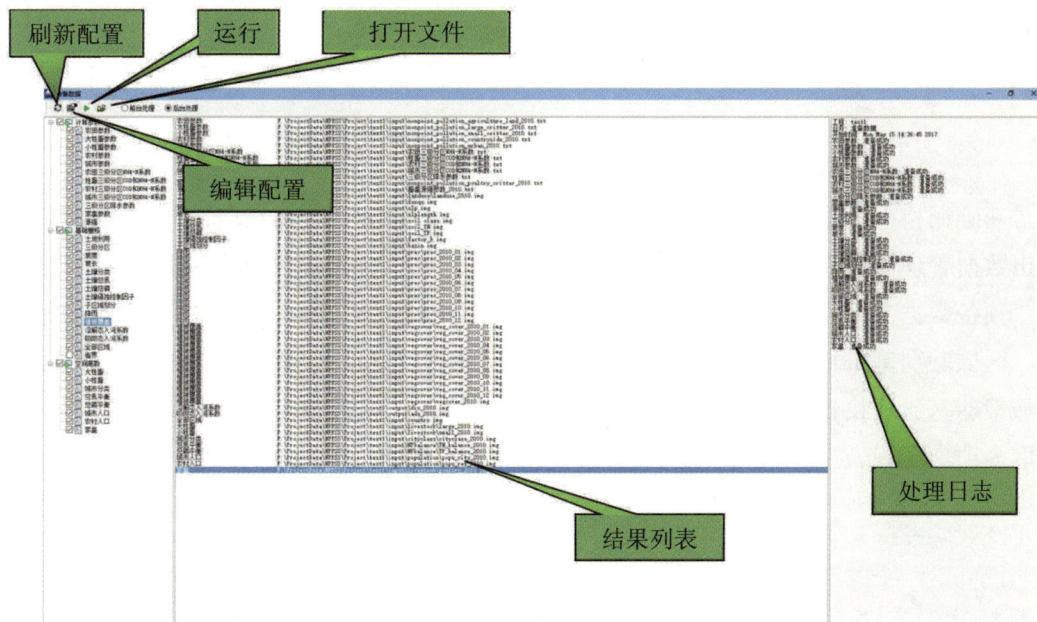

图 7-12　准备数据对话框界面说明

（1）处理项目：业务流程中需要处理的项，包括计算参数、基础栅格和空间离散三类处理项目。

计算参数：模型计算所需的文本参数，双击处理项目可弹出数据管理模块中的计算参数配置表（图7-13），并选中双击的处理项目。如果配置表中"预备数据文件"项有时间定义，如"[year]"等，则准备数据时会根据时间获取此项对应参数表中所需的参数（没有所需时间的参数，使用默认参数），如果没有时间定义，则获取对应参数表中所有数据。配置表中"生成"项值为"1"则处理，值为"0"则不处理。

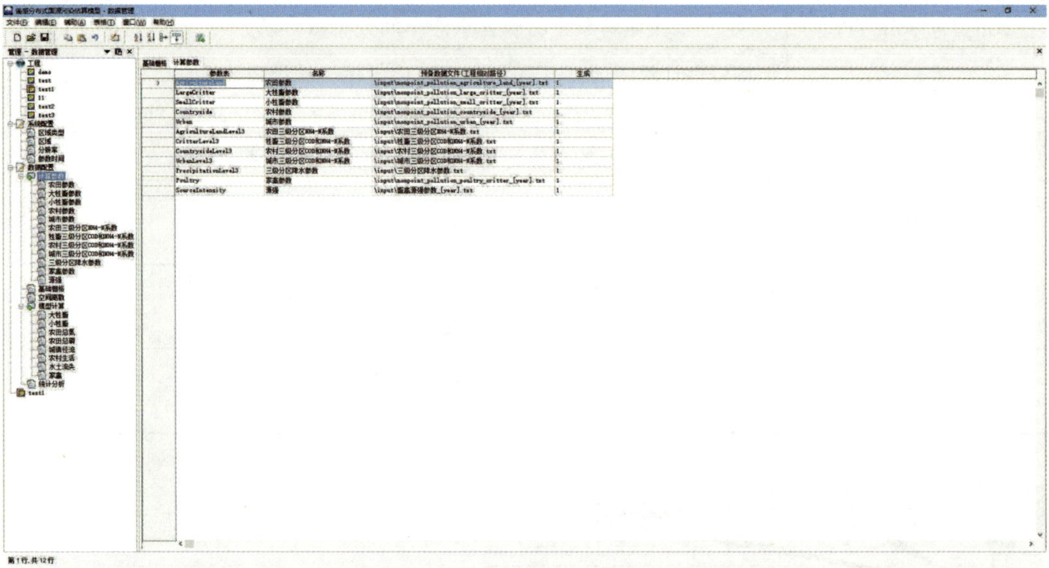

图 7-13　计算参数数据配置管理

基础栅格：模型计算所需的栅格文件，从基础影像库中裁剪获取，双击处理项目可弹出数据管理模块中的基础栅格配置表（图7-14），并选中双击的处理项目。如果配置表中"预备数据文件"项有时间定义，如"[year]""[month]"等，则准备数据时会根据时间、区域裁剪基础栅格影像库，获取此项对应的栅格数据，如果没有时间定义，则根据区域裁剪基础栅格影像库，获取此项对应的栅格数据，如果有多项（用","分隔），则获取多项。配置表中"生成"项值为"1"则处理，值为"0"则不处理。

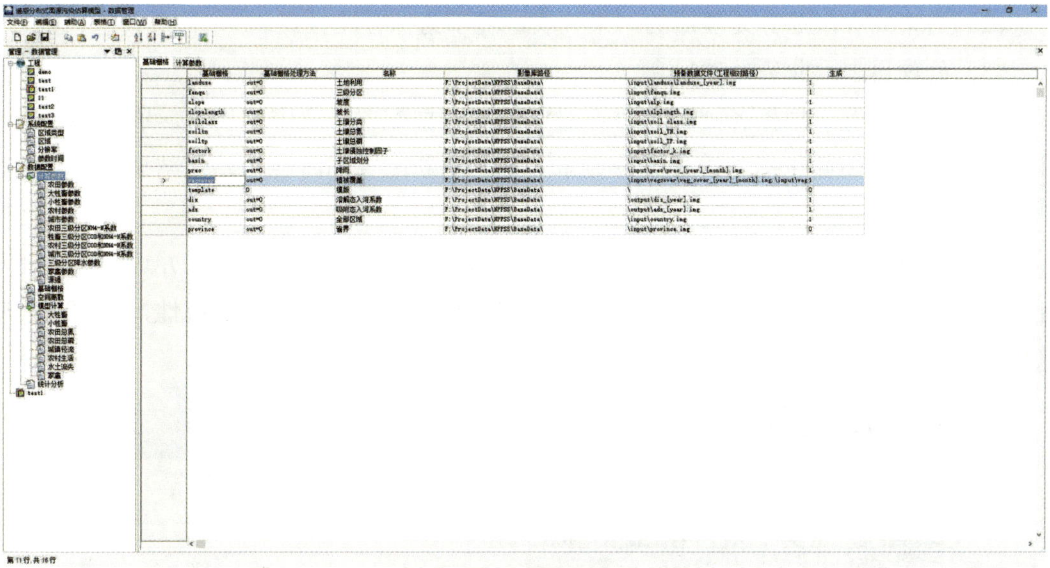

图 7-14　基础栅格数据配置管理

空间离散：模型计算所需的栅格文件，通过"社会经济统计"矢量数据与土地利用数据进行空间离散所得，双击处理项目可弹出数据管理模块中的空间离散配置表（图 7-15），并选中双击的处理项目。空间离散时会根据时间搜索工程配置的"社会经济矢量数据路径"文件夹，并根据配置表中"属性字段"项和"计算公式"项将"社会经济统计"矢量数据离散到土地利用的栅格。配置表中"生成"项值为"1"则处理，值为"0"则不处理。

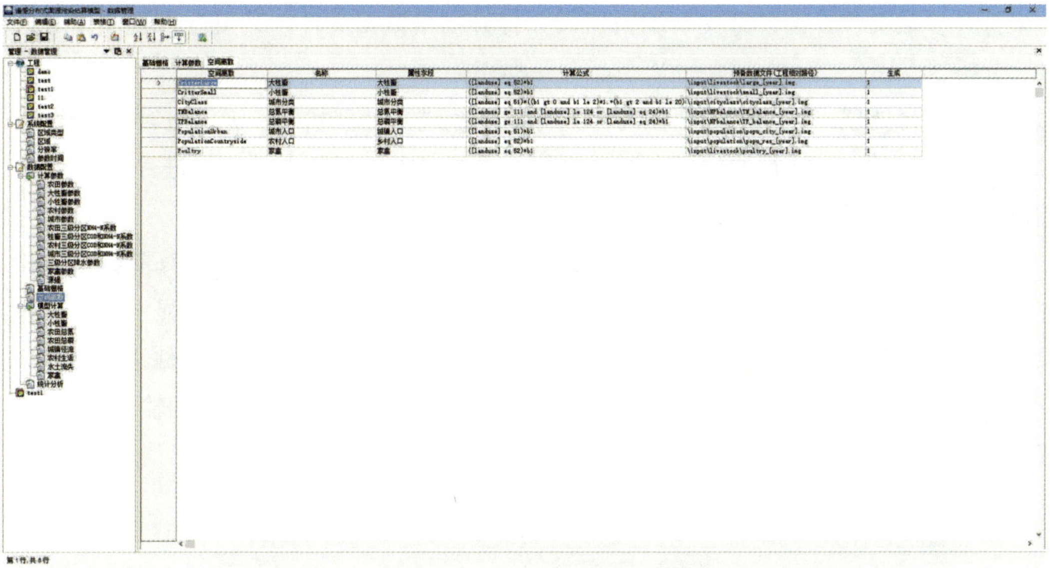

图 7-15　空间离散数据配置管理

（2）结果列表：业务处理后的结果列表，显示为保存路径。

（3）处理日志：业务处理日志。

（4）刷新配置：根据各处理项目在对应的"数据配置"表中的设置，刷新"处理项目"树，刷新的属性包括是否处理及显示名称。刷新配置同时会初始化结果列表和处理日志。

（5）编辑配置：弹出选中的处理项目在数据管理模块中的配置表，并选中此处理项目，方便编辑配置。与双击处理项目功能相同。右键点击处理项目选属性，也可进行快速配置编辑（图 7-16）。

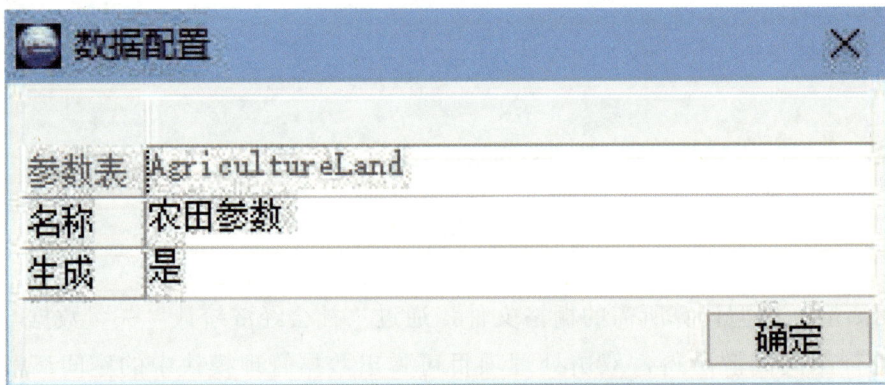

图 7-16　准备数据配置项编辑

（6）运行：执行所有需处理的项目。

（7）打开文件：打开结果列表中选中的处理结果，与双击选中的处理结果功能相同。如果打开参数文件，会打开文本编辑器，如打开栅格数据文件，则可导入视图中进行检查、分析。

（8）前台处理：运行的处理在前台执行，系统进入处理状态，无法进行其他操作。

（9）后台处理：运行的处理在后台执行，系统进入处理状态，可以进行其他操作。

3.3.4　算前数据审核

点击工具栏"算前数据审核"按钮或通过【菜单】→【业务】→【算前数据审核】打开"模型计算"业务窗口（图 7-17），在此业务窗口的处理日志中将会显示数据审核结果。"算前数据审核"流程是根据各模型的输入参数配置及时间对数据文件进行审核。检查的项目包括文件是否存在、栅格行列数是否一致等。要编辑模型计算的输入参数配置，请打开数据管理模块中对应的表格进行编辑（图 7-18）。

图 7-17　算前数据审核

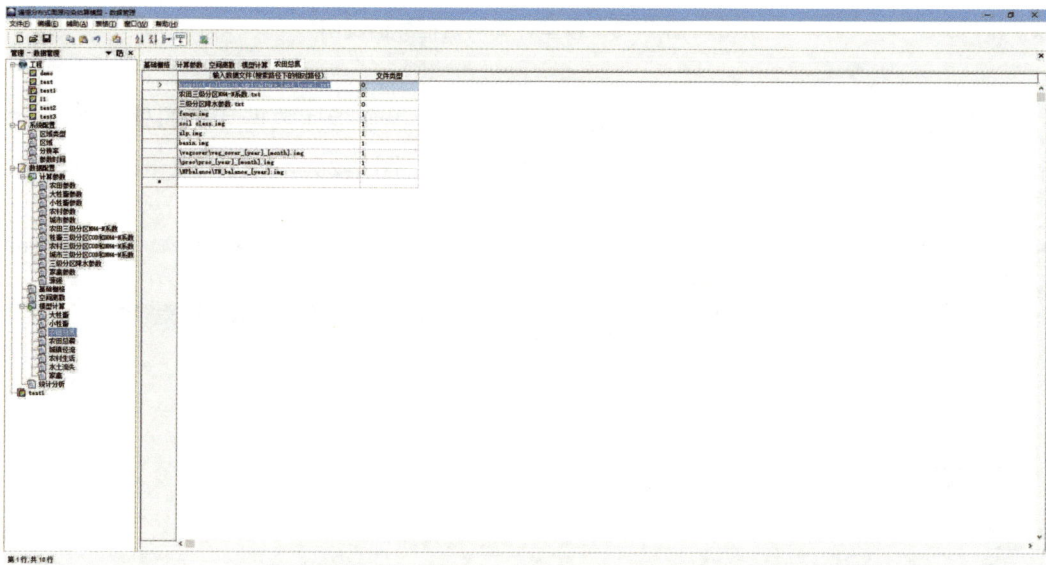

图 7-18　算前数据审核对应的模型参数配置

3.3.5　模型计算

点击工具栏"模型计算"按钮或通过【菜单】→【业务】→【模型计算】打开"模型计算"业务窗口（图 7-19）。"模型计算"流程是整个业务流程的主体部分，通过模型算法计算模型中各个指标数据。"算前数据审核"也集成在此模块中，模型算法在处理前都会进行一次数据审核，如果审核有误，将无法计算。

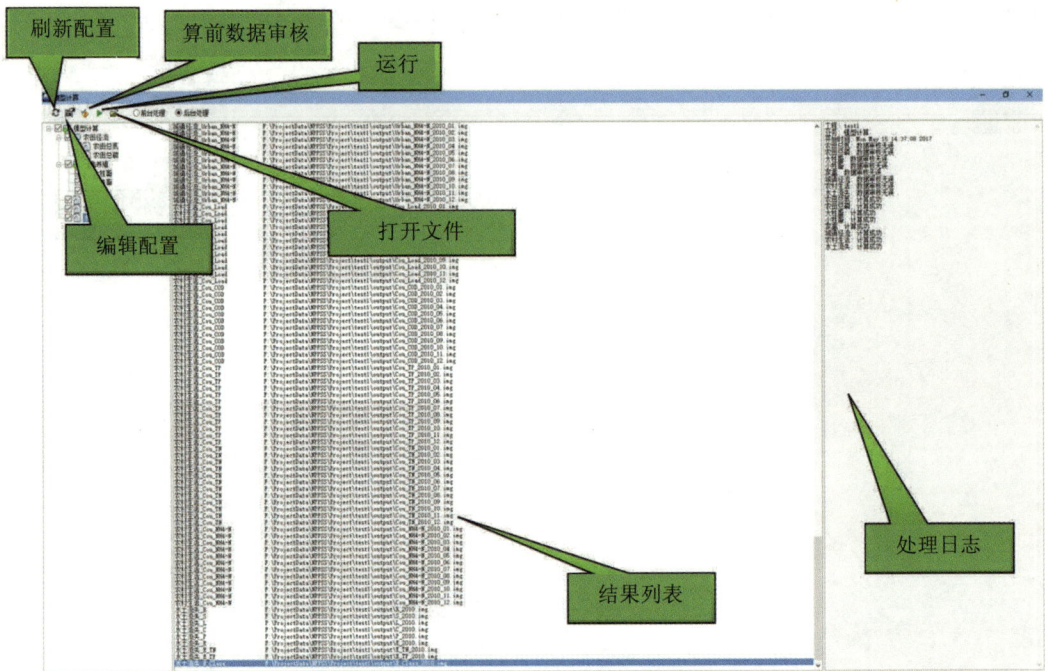

图 7-19   模型计算对话框界面说明

（1）处理项目：业务流程中需要处理的项，包括各个指标数据计算的处理项目，双击处理项目可弹出数据管理模块中的模型计算配置表（图 7-20），并选中双击的处理项目。配置表中"运行程序"项值为"1"则处理，值为"0"则不处理。

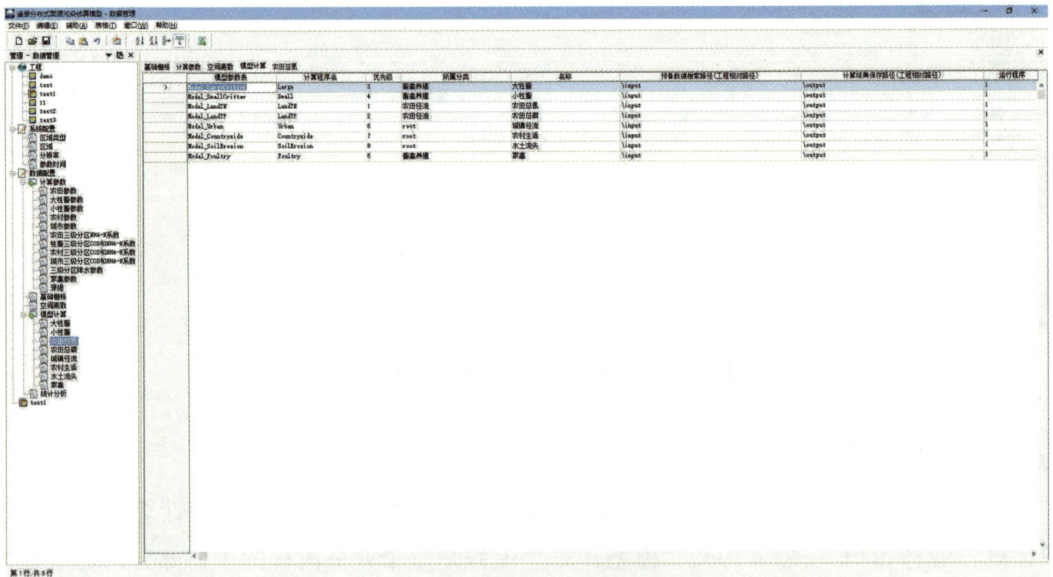

图 7-20   模型计算配置管理

（2）结果列表：业务处理后的结果列表，显示为保存路径。

（3）处理日志：业务处理日志。

（4）刷新配置：根据各处理项目在对应的"数据配置"表中的设置，刷新"处理项目"树，刷新的属性包括是否处理及显示名称。刷新配置同时会初始化结果列表和处理日志。

（5）编辑配置：弹出选中的处理项目在数据管理模块中的配置表，并选中此处理项目，方便编辑配置。与双击处理项目功能相同。右键点击处理项目选属性，也可进行快速配置编辑（图 7-21）。

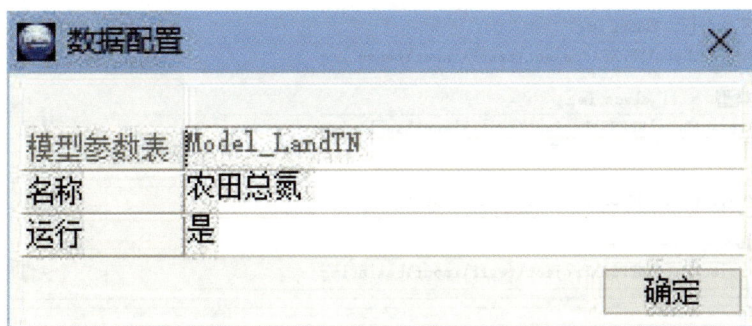

图 7-21　模型计算配置项编辑

（6）算前数据审核：对整个模型计算进行算前数据审核。

（7）运行：执行所有需处理的项目。

（8）打开文件：打开结果列表中选中的处理结果，与双击选中的处理结果功能相同。如打开栅格数据文件，则可导入视图中进行检查、分析。

（9）前台处理：运行的处理在前台执行，系统进入处理状态，无法进行其他操作。在模型计算树中选中要运行的模型（选中分类无效），点击"运行"按钮，可弹出该模型计算的设置窗口（图 7-22）。

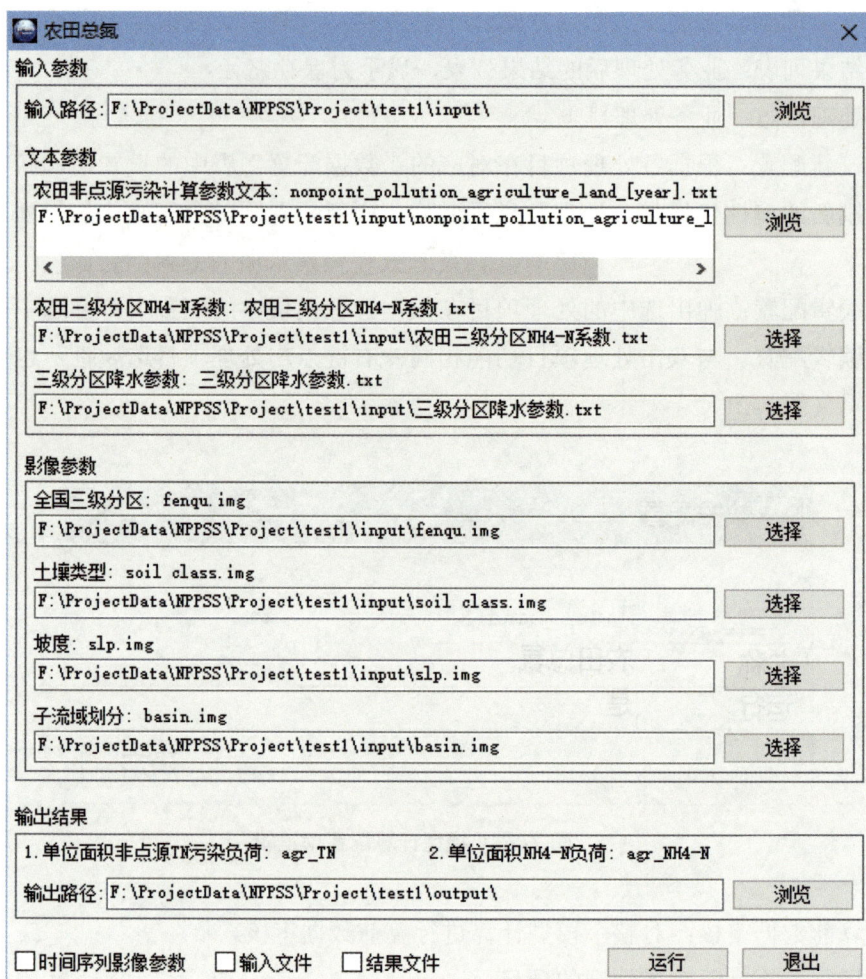

图 7-22　模型计算前台处理对话框

　　可以看到其中参数均已自动设置完成，如需修改可点击相应按钮完成。点击"确定"按钮，即可进行此项处理（图 7-23）。

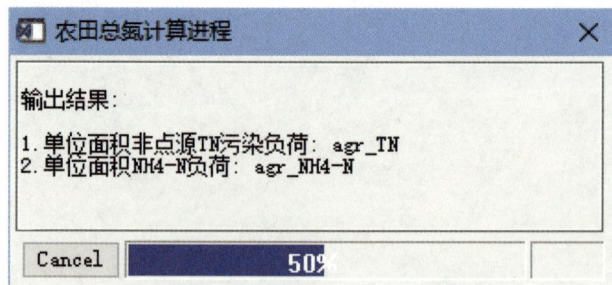

图 7-23　模型计算前台处理进度

（10）后台处理：运行的处理在后台执行，系统进入处理状态，可以进行其他操作。模型计算完成后，可看到处理结果列表，双击可将处理结果导入视图中查看（图 7-24）。

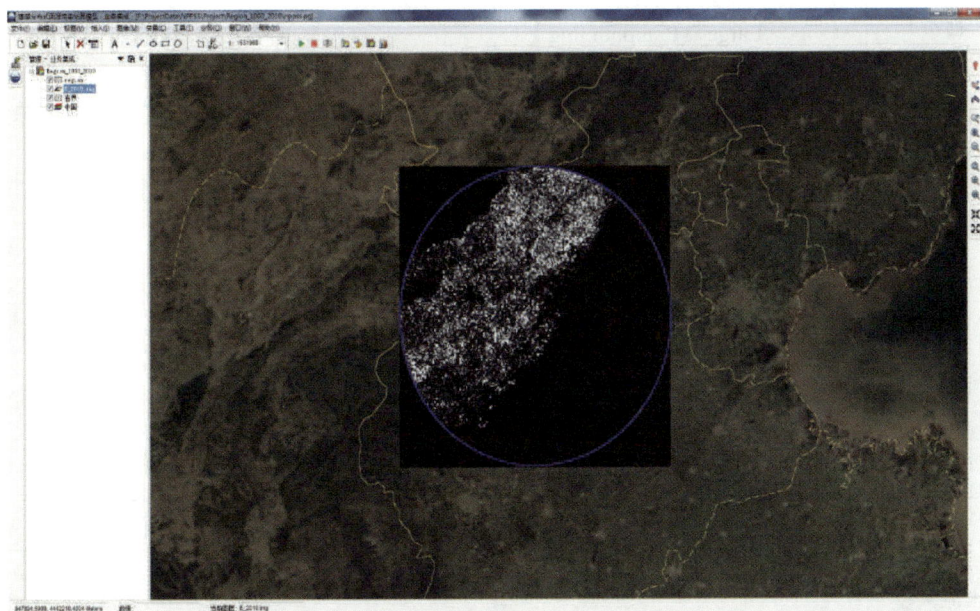

图 7-24 模型计算结果导入视图分析应用

模型计算结果列表如表 7-3 所示。

表 7-3 面源污染负荷估算模型（DPeRS）输出数据文件列表

类型	文件命名及格式	含义	单位
农田径流型	agr_NH$_4^+$-N_month.img	NH$_4^+$-N 月负荷	t/km^2
	agr_TN_month.img	TN 月负荷	
	agr_TP_month.img	TP 月负荷	
城市径流型	city_NH$_4^+$-N_month.img	NH$_4^+$-N 月负荷	t/km^2
	city_TN_month.img	TN 月负荷	
	city_TP_month.img	TP 月负荷	
	city_COD$_{Cr}$_month.img	COD$_{Cr}$ 月负荷	
农村生活型	Cou_NH$_4^+$-N_month.img	NH$_4^+$-N 月负荷	t/km^2
	Cou_TN_month.img	TN 月负荷	
	Cou_TP_month.img	TP 月负荷	
	Cou_COD$_{Cr}$_month.img	COD$_{Cr}$ 月负荷	

类型	文件命名及格式	含义	单位
畜禽养殖型（大牲畜）	Large_NH$_4^+$-N_month.img	NH$_4^+$-N 月负荷	t/km^2
	Large_TN_month.img	TN 月负荷	
	Large_TP_month.img	TP 月负荷	
	Large_COD$_{Cr}$_month.img	COD$_{Cr}$ 月负荷	
畜禽养殖型（小牲畜）	small_NH$_4^+$-N_month.img	NH$_4^+$-N 月负荷	t/km^2
	small_TN_month.img	TN 月负荷	
	small_TP_month.img	TP 月负荷	
	small_COD$_{Cr}$_month.img	COD$_{Cr}$ 月负荷	
畜禽养殖型（家禽）	Poultry_NH$_4^+$-N_month.img	NH$_4^+$-N 月负荷	t/km^2
	Poultry_TN_month.img	TN 月负荷	
	Poultry_TP_month.img	TP 月负荷	
	Poultry_COD$_{Cr}$_month.img	COD$_{Cr}$ 月负荷	
水土流失型	E_year.img	土壤侵蚀强度	t/km^2
	E_class.img	土壤侵蚀强度分级	t/km^2
	E_TN_year.img	吸附态 TN 年负荷	t/km^2
	E_TP_year.img	吸附态 TP 年负荷	t/km^2
因子	R 因子	降雨侵蚀力因子	MJ·mm/（hm^2·h·a）
	S 因子	坡度因子	量纲一
	L 因子	坡长因子	量纲一
	C 因子	生物措施因子	量纲一
	P 因子	工程措施因子	量纲一

3.3.6 统计分析

点击工具栏"统计分析"按钮或通过【菜单】→【业务】→【统计分析】打开"统计分析"业务窗口（图 7-25）。"统计分析"流程是对模型计算的结果进行加和、分月统计等分析处理，从而得到统计报表所需栅格数据的后处理流程。"统计报表"功能也集成在此业务窗口，在进行统计分析处理后，可通过统计报表功能得到最终分析结果。

（1）处理项目：业务流程中需要处理的项目，包括所有统计分析的处理项目，双击处理项目可弹出数据管理模块中的统计分析配置表（图 7-26），并选中双击的处理项目。统计分析时会根据配置表中"统计分析方法"项进行相应的处理，"统计输入数据文件"项提供了处理的参数配置定义，由于统计分析处理的数据存在先后关系，配置表"优先级"项定义了处理的优先级。配置表中"生成"项值为"1"则处理，值为"0"则不处理。

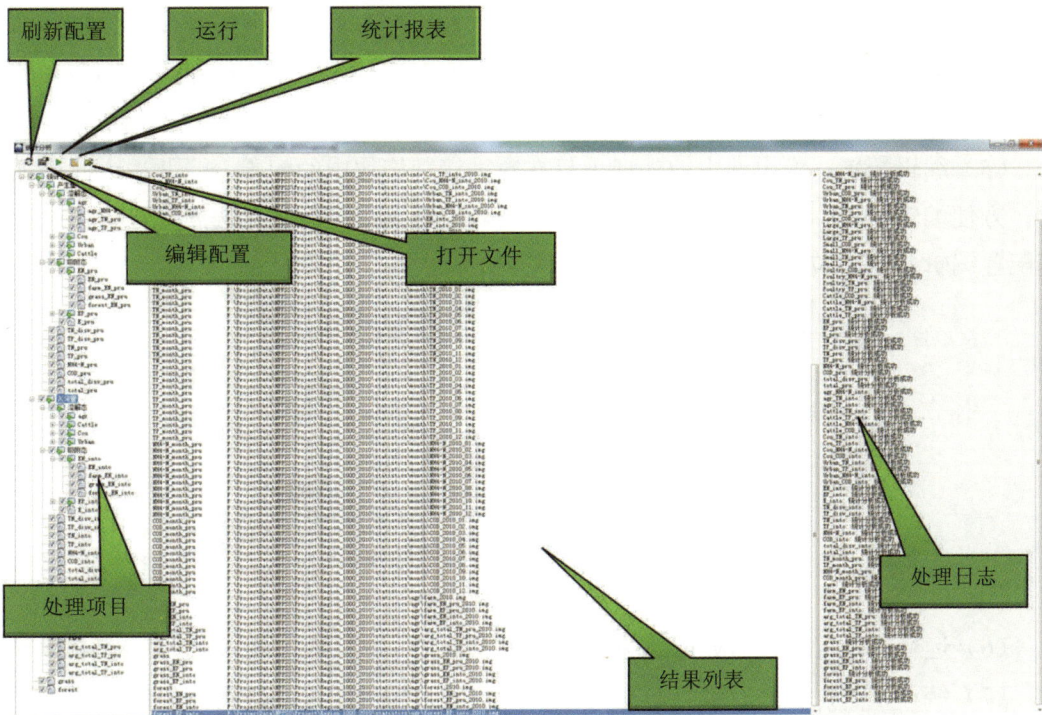

图 7-25　统计分析对话框界面说明

图 7-26　统计分析数据配置管理

（2）结果列表：业务处理后的结果列表，显示为保存路径。

（3）处理日志：业务处理日志。

（4）刷新配置：根据各处理项目在对应的"数据配置"表中的设置，刷新"处理项目"树，刷新的属性包括是否处理及显示名称。刷新配置同时会初始化结果列表和处理日志。

（5）编辑配置：弹出选中的处理项目在数据管理模块中的配置表，并选中此处理项目，方便编辑配置。与双击处理项目功能相同。右键点击处理项目选属性，也可进行快速配置编辑（图 7-27）。

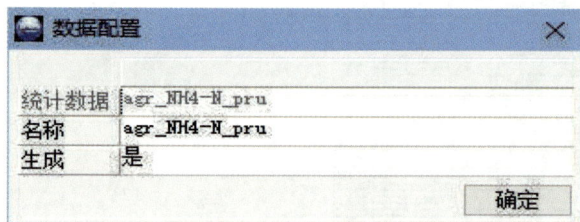

图 7-27　统计分析配置项编辑

（6）运行：执行所有需处理的项目。

（7）统计报表：在进行统计分析处理后，可通过统计报表功能得到最终分析结果，点击后弹出统计报表对话框。

（8）打开文件：打开结果列表中选中的处理结果，与双击选中的处理结果功能相同。如打开栅格数据文件，则可导入视图中进行检查、分析。

统计分析结果包括产生和入河两部分，面源污染产生负荷的文件命名带有 pru，入河负荷的文件命名带有 into。统计分析数据文件标识除 pru 和 into 外的共有标识具体如表 7-4 所示。

表 7-4　面源污染负荷估算模型（DPeRS）统计分析数据结果文件列表

类型	文件命名及格式	含义	单位
面源总污染	total_pru_year.img	面源总污染负荷	t/km^2
	total_disv_pru_year.img	溶解态面源污染负荷	
面源 4 个指标 总污染 （包括所有污染 类型）	NH_4^+-N_year.img	NH_4^+-N 年负荷	t/km^2
	TN_year.img	TN 年负荷	
	TP_year.img	TP 年负荷	
	COD_{Cr}_year.img	COD_{Cr} 年负荷	
溶解态氮磷污染	TN_disv_year.img	溶解态 TN 年负荷	t/km^2
	TP_disv_year.img	溶解态 TP 年负荷	

类型	文件命名及格式	含义	单位
水土流失型	E_year.img	土壤侵蚀强度	t/km^2
	E_TN_year.img	吸附态 TN 年负荷	
	E_TP_year.img	吸附态 TP 年负荷	
农田径流型（溶解态）	agr_NH_4^+-N_year.img	NH_4^+-N 年负荷	t/km^2
	agr_TN_year.img	TN 年负荷	
	agr_TP_year.img	TP 年负荷	
农田径流型（吸附态）	farm_E_TN_year.img	TN 年负荷	t/km^2
	farm_E_TP_year.img	TP 年负荷	
农田径流型（溶解态+吸附态）	agr_total_TN_year.img	TN 年负荷	t/km^2
	agr_total_TP_year.img	TP 年负荷	
城市径流型	city_NH_4^+-N_year.img	NH_4^+-N 年负荷	t/km^2
	city_TN_year.img	TN 年负荷	
	city_TP_year.img	TP 年负荷	
	city_COD_{Cr}_year.img	COD_{Cr} 年负荷	
农村生活型	Cou_NH_4^+-N_year.img	NH_4^+-N 年负荷	t/km^2
	Cou_TN_year.img	TN 月年负荷	
	Cou_TP_year.img	TP 年负荷	
	Cou_COD_{Cr}_year.img	COD_{Cr} 年负荷	
畜禽养殖型（大牲畜、小牲畜和家禽）	Cattle_NH_4^+-N_year.img	NH_4^+-N 年负荷	t/km^2
	Cattle_TN_year.img	TN 年负荷	
	Cattle_TP_year.img	TP 年负荷	
	Cattle_COD_{Cr}_year.img	COD_{Cr} 年负荷	
不同地类的吸附态氮磷	farm_E_TN_year.img	农田吸附态 TN 年负荷	t/km^2
	farm_E_TP_year.img	农田吸附态 TP 年负荷	
	forest_E_TN_year.img	林地吸附态 TN 年负荷	
	forest_E_TP_year.img	林地吸附态 TP 年负荷	
	grass_E_TN_year.img	草地吸附态 TN 年负荷	
	grass_E_TP_year.img	草地吸附态 TP 年负荷	

3.3.7 统计报表

在统计报表对话框（图 7-28），系统会根据工程信息自动设置参数，也可手动调整参数。在此对话框中点击"统计报表"按钮，等待处理完成，可得到所需统计报表。

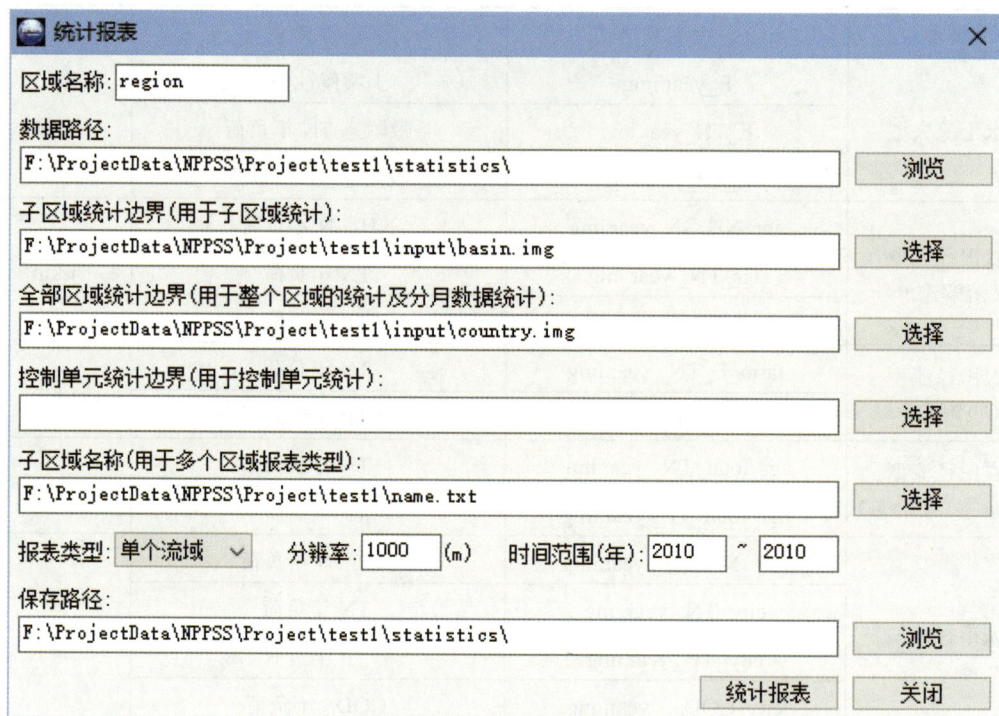

图 7-28　统计报表对话框

（1）区域名称：报表文件名及报表中区域的名称设置。

（2）数据路径：统计数据输入路径，统计时将根据报表内容进行此路径下相关数据的统计。

（3）子区域统计边界：用来进行子区域统计的边界数据，根据实际需求选择统计边界，如使用工程"input"文件夹中的"basin"数据（在准备数据流程中选择基础栅格中的"子区域划分"生成）。

（4）全部区域统计边界：用于整个区域的统计及分月数据的统计，使用工程"input"文件夹中的"country"（在准备数据流程中选择基础栅格中的"全部区域"生成）数据即可。

（5）控制单元统计边界：用于控制单元统计，当前使用较少，通常是用户根据需要制作相关数据进行统计。

（6）子区域名称：用于多个区域报表类型的统计，主要用来将统计边界中各子区域数值编码与区域名称对应起来（.txt 文件格式）如图 7-29 所示。

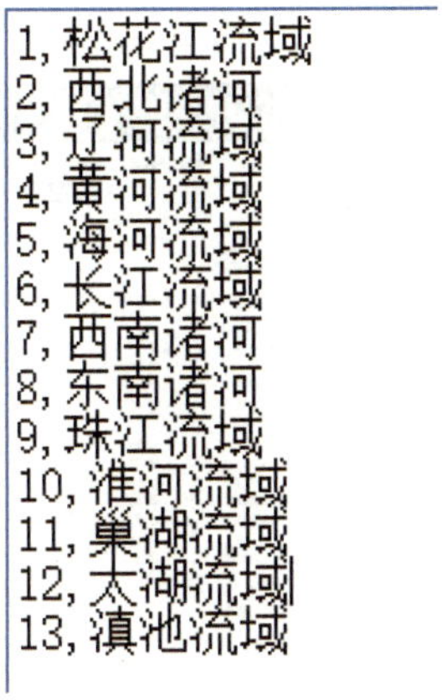
1,松花江流域
2,西北诸河
3,辽河流域
4,黄河流域
5,海河流域
6,长江流域
7,西南诸河
8,东南诸河
9,珠江流域
10,淮河流域
11,巢湖流域
12,太湖流域
13,滇池流域

图 7-29　子区域名称文件格式

（7）分辨率：统计报表中进行统计的栅格分辨率，主要用来计算报表中的面积相关数据。

（8）时间范围：进行统计的时间范围，一般情况下报表文件与年份相对应，设置了几年的统计时间，就会生成几个报表文件。

（9）保存路径：报表保存的文件夹路径。

（10）报表类型：生成的报表类型，一共有 3 种，包括单个区域报表、全国流域报表、多个区域报表。

1）单个区域报表：针对某个区域（流域）的统计报表，报表中有以下 3 个表。

productinto_annual：单个流域产生量与入河量统计表（图 7-30）。

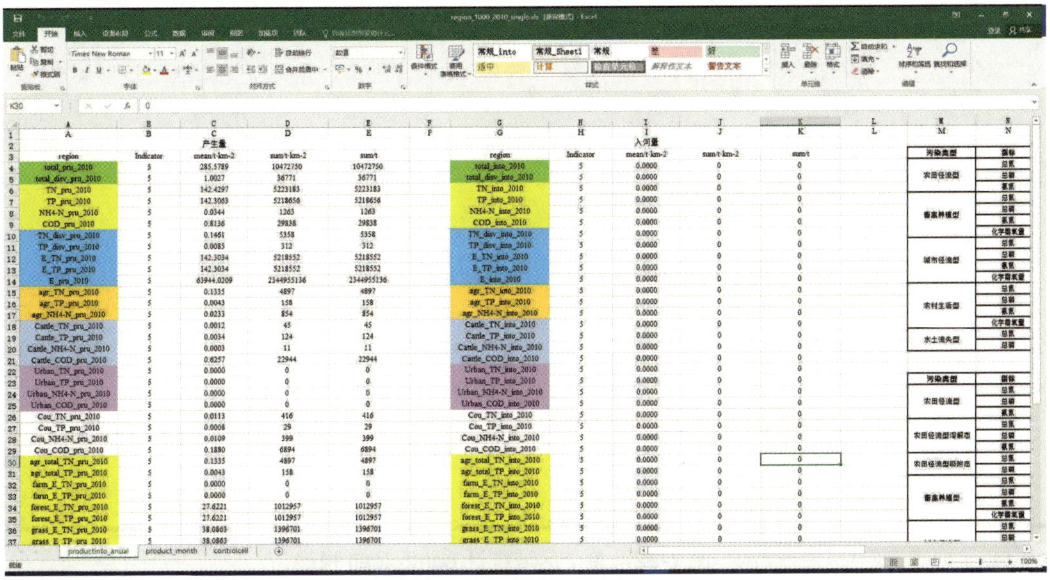

图 7-30　单个区域统计 productinto_annual 报表

product_month：按月汇总统计表（图 7-31）。

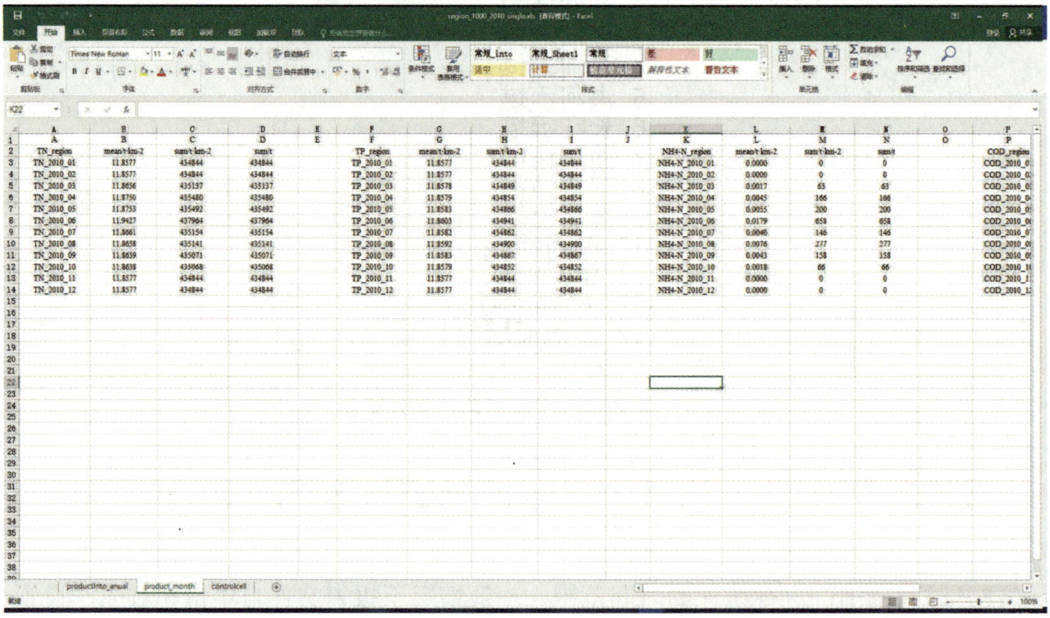

图 7-31　单个区域统计 productinto_month 报表

controlcell：控制单元表（图 7-32）。

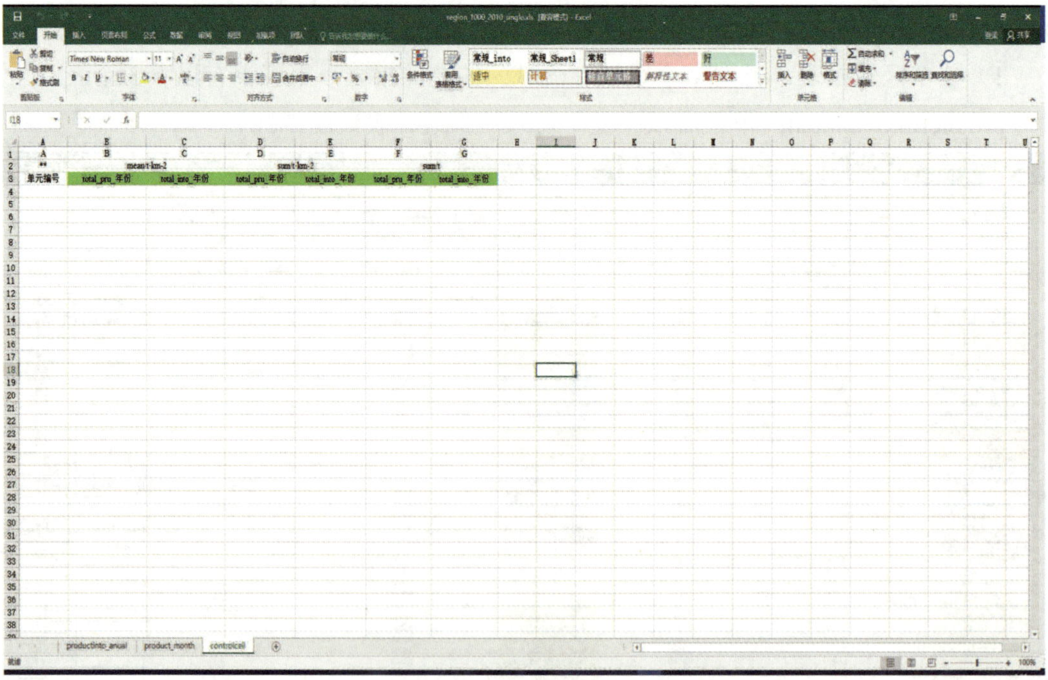

图 7-32　单个区域统计 controlcell 报表

相关参数设置如图 7-33 所示。

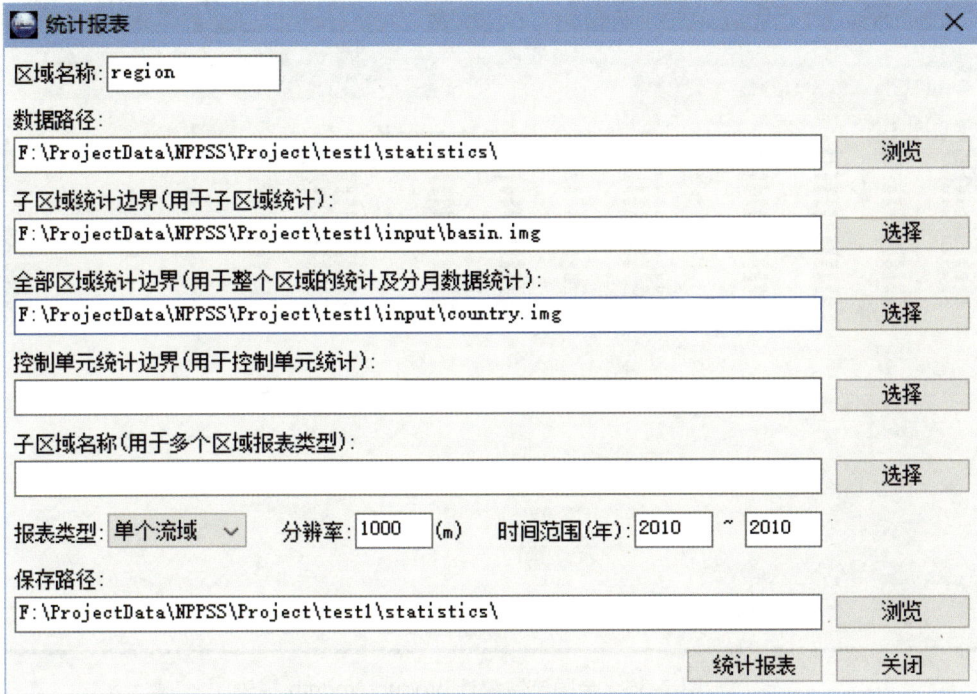

图 7-33　单个区域统计相关参数设置

2）全国流域报表：针对全国流域区域类型的统计报表，包含以下 4 个表。

product_annual：全国各流域产生量表（图 7-34）。

图 7-34　全国流域统计 product_annual 报表

product_month：分月加和统计表（图 7-35）。

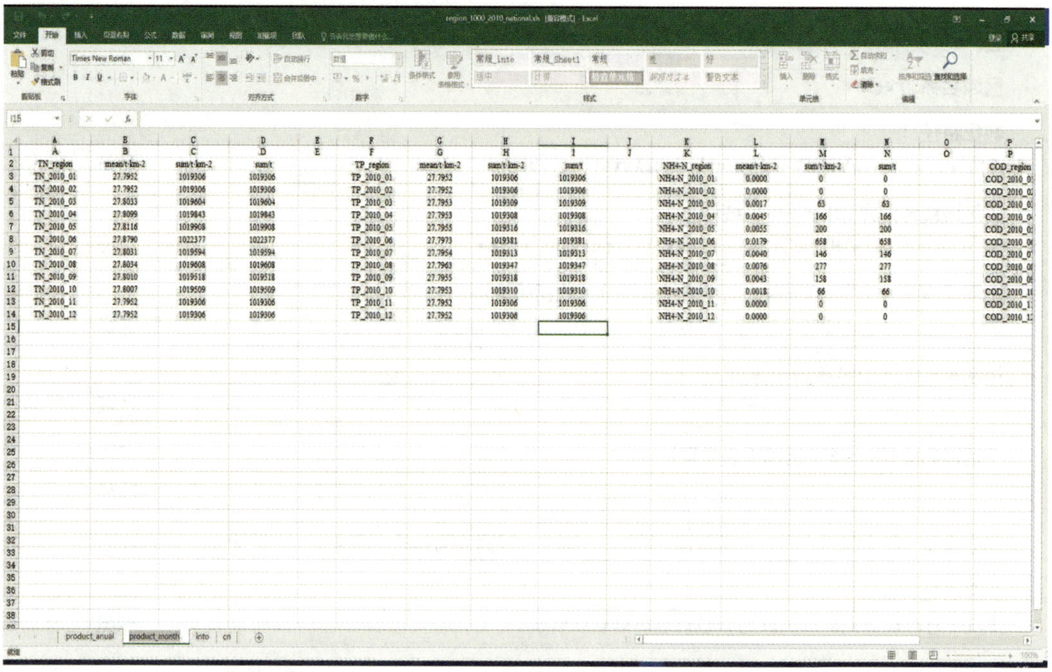

图 7-35　全国流域统计 product_month 报表

into：全国各流域入河量表（图 7-36）。

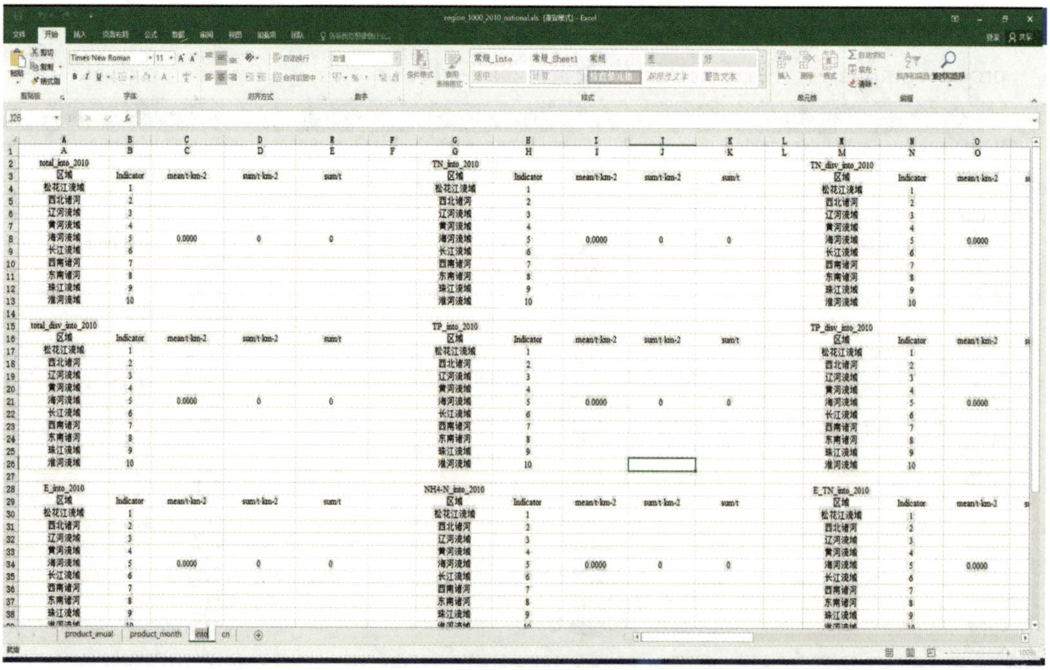

图 7-36　全国流域统计 into 报表

cn：全国所有流域产生量与入河量表（图 7-37）。

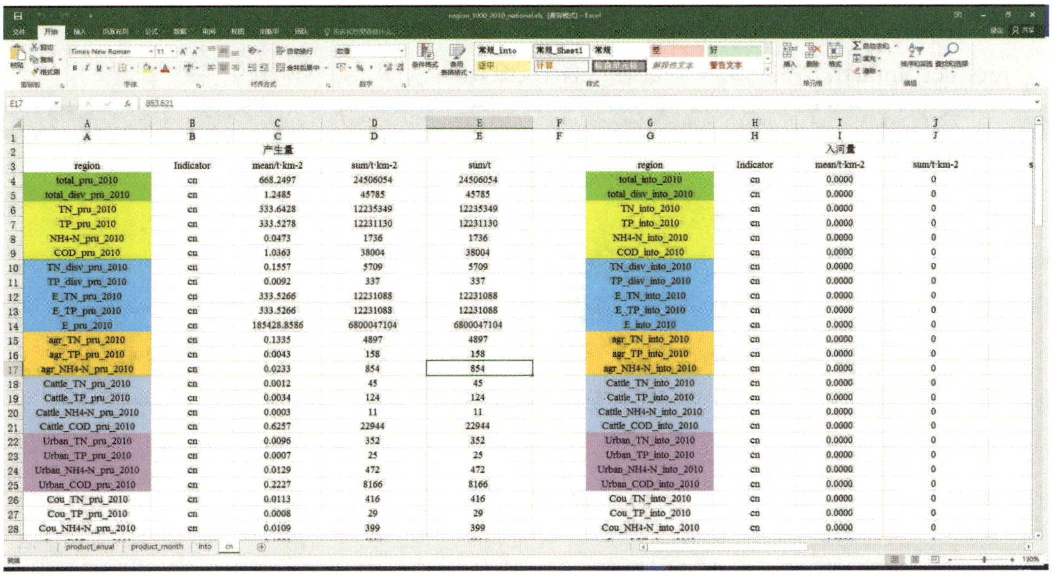

	A	B	C	D	E	F	G	H	I	J
1	A	B	C	D	E	F	G	H	I	J
2			产生量						入河量	
3	region	Indicator	mean/t·km-2	sum/t·km-2	sum/t		region	Indicator	mean/t·km-2	sum/t·km-2
4	total_pru_2010	cn	668.2497	24506054	24506054		total_into_2010	cn	0.0000	0
5	total_disv_pru_2010	cn	1.2485	45785	45785		total_disv_into_2010	cn	0.0000	0
6	TN_pru_2010	cn	333.6428	12235349	12235349		TN_into_2010	cn	0.0000	0
7	TP_pru_2010	cn	333.5278	12231130	12231130		TP_into_2010	cn	0.0000	0
8	NH4-N_pru_2010	cn	0.0473	1736	1736		NH4-N_into_2010	cn	0.0000	0
9	COD_pru_2010	cn	1.0363	38004	38004		COD_into_2010	cn	0.0000	0
10	TN_disv_pru_2010	cn	0.1557	5709	5709		TN_disv_into_2010	cn	0.0000	0
11	TP_disv_pru_2010	cn	0.0092	337	337		TP_disv_into_2010	cn	0.0000	0
12	E_TN_pru_2010	cn	333.5266	12231088	12231088		E_TN_into_2010	cn	0.0000	0
13	E_TP_pru_2010	cn	333.5266	12231088	12231088		E_TP_into_2010	cn	0.0000	0
14	E_pru_2010	cn	185428.8586	6800047104	6800047104		E_into_2010	cn	0.0000	0
15	agr_TN_pru_2010	cn	0.1335	4897	4897		agr_TN_into_2010	cn	0.0000	0
16	agr_TP_pru_2010	cn	0.0043	158	158		agr_TP_into_2010	cn	0.0000	0
17	agr_NH4-N_pru_2010	cn	0.0233	854	854		agr_NH4-N_into_2010	cn	0.0000	0
18	Cattle_TN_pru_2010	cn	0.0012	45	45		Cattle_TN_into_2010	cn	0.0000	0
19	Cattle_TP_pru_2010	cn	0.0034	124	124		Cattle_TP_into_2010	cn	0.0000	0
20	Cattle_NH4-N_pru_2010	cn	0.0003	11	11		Cattle_NH4-N_into_2010	cn	0.0000	0
21	Cattle_COD_pru_2010	cn	0.6257	22944	22944		Cattle_COD_into_2010	cn	0.0000	0
22	Urban_TN_pru_2010	cn	0.0096	352	352		Urban_TN_into_2010	cn	0.0000	0
23	Urban_TP_pru_2010	cn	0.0007	25	25		Urban_TP_into_2010	cn	0.0000	0
24	Urban_NH4-N_pru_2010	cn	0.0129	472	472		Urban_NH4-N_into_2010	cn	0.0000	0
25	Urban_COD_pru_2010	cn	0.2227	8166	8166		Urban_COD_into_2010	cn	0.0000	0
26	Cou_TN_pru_2010	cn	0.0113	416	416		Cou_TN_into_2010	cn	0.0000	0
27	Cou_TP_pru_2010	cn	0.0008	29	29		Cou_TP_into_2010	cn	0.0000	0
28	Cou_NH4-N_pru_2010	cn	0.0109	399	399		Cou_NH4-N_into_2010	cn	0.0000	0

图 7-37　全国流域统计 cn 报表

相关参数设置如图 7-38 所示。

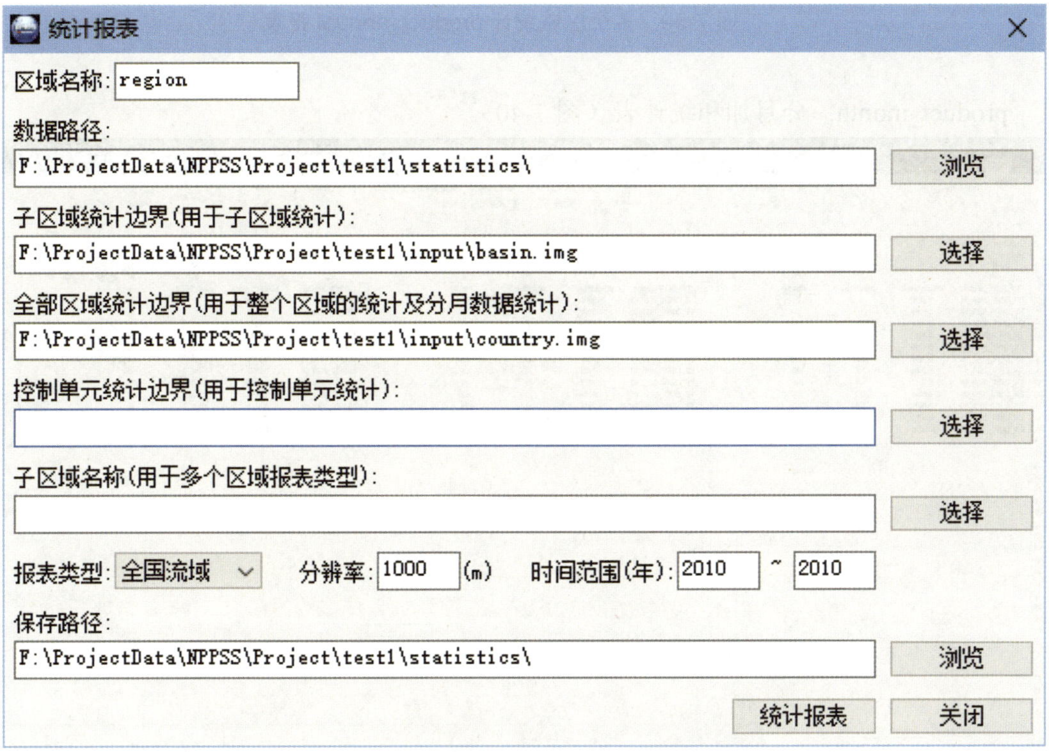

图 7-38　全国流域统计相关参数设置

3）多个区域报表：统计区域为自定义的多区域时使用此报表，此报表中包含以下 4 个表。

product_annual：各区域产生量表（图 7-39）。

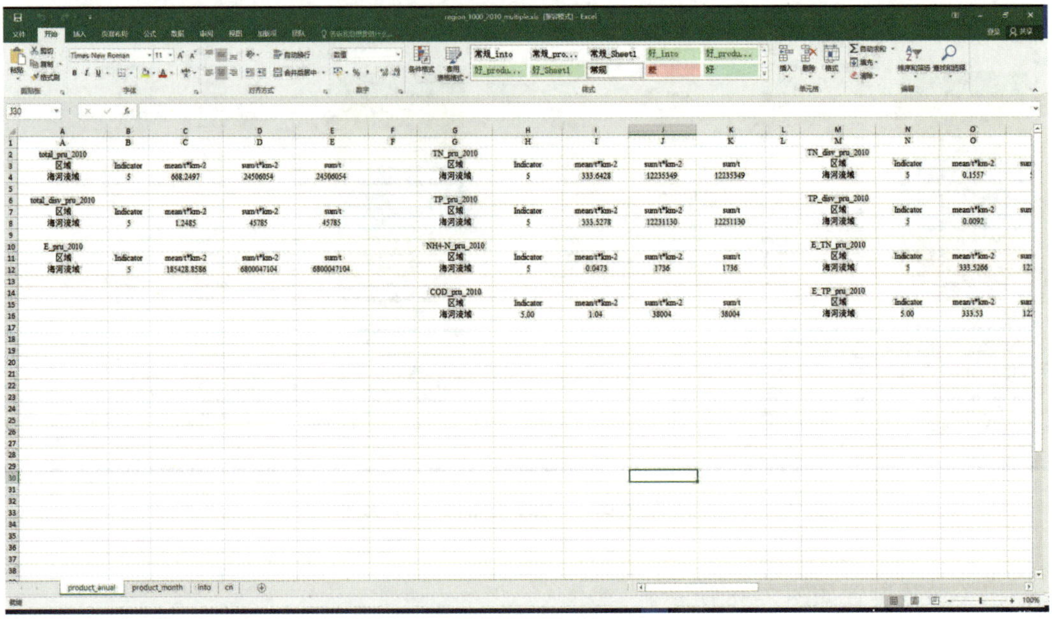

图 7-39　多个区域统计 product_annual 报表

product_month：分月加和统计表（图 7-40）。

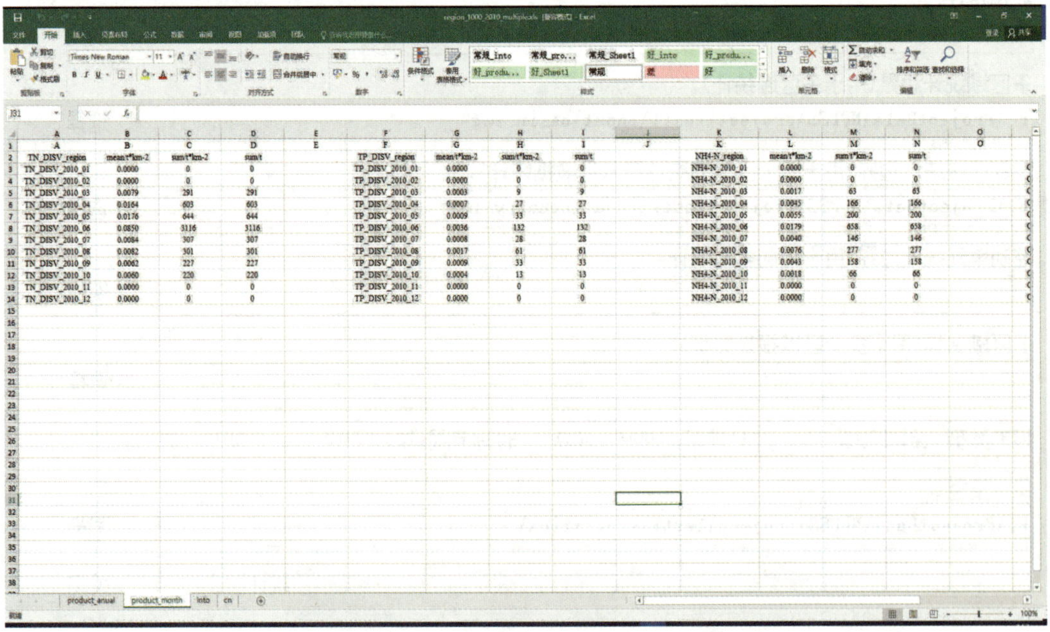

图 7-40　多个区域统计 product_month 报表

into：各区域入河量表（图 7-41）。

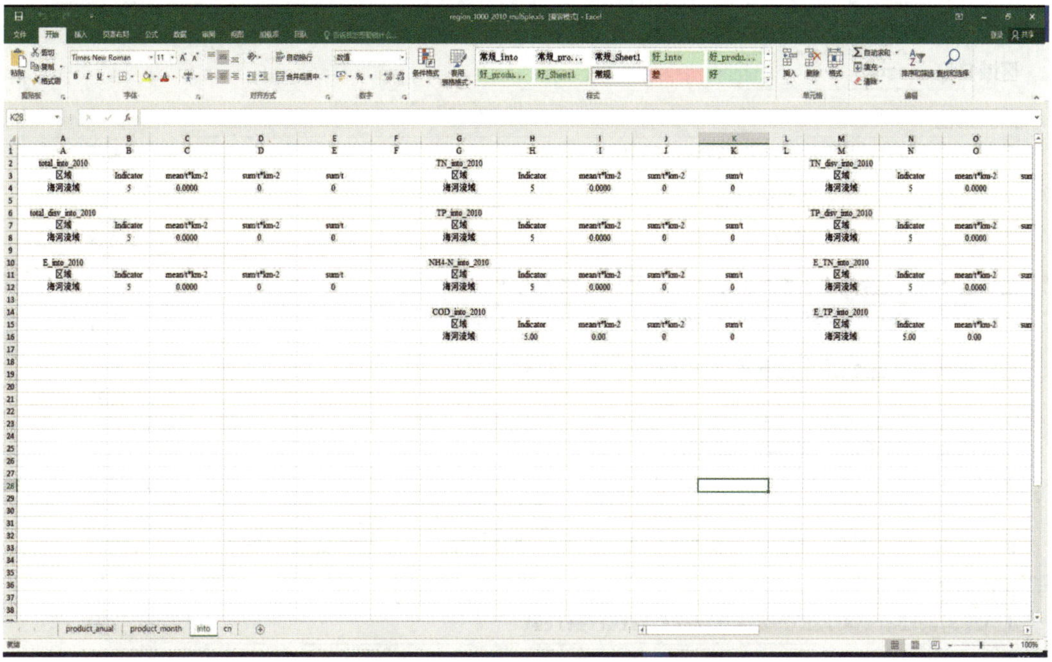

图 7-41 多个区域统计 into 报表

cn：所有区域产生量与入河量表（图 7-42）。

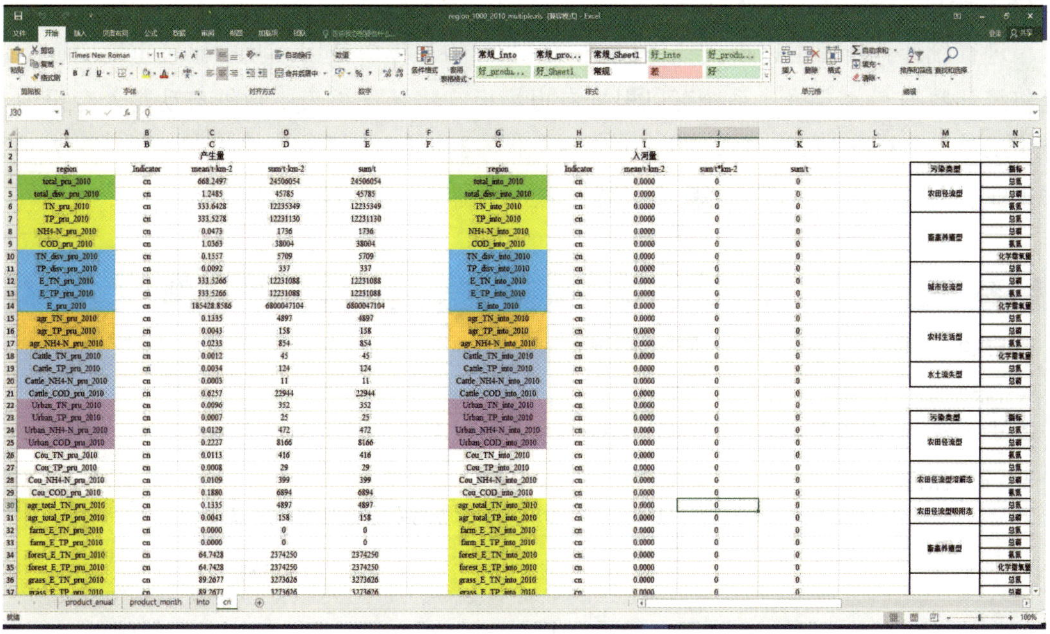

图 7-42 多个区域统计 cn 报表

相关参数设置如图 7-43 所示。

图 7-43　多个区域统计相关参数设置

3.3.8　专报

　　进行统计分析后可以得到统计报表，在之后的工作中使用，其中比较重要的应用就是将统计数据写入专报。系统可以根据专报模板，将统计报表中数据自动写入专报中。点击工具栏"专报"按钮或通过【菜单】→【业务】→【专报】打开专报对话框（图 7-44），根据业务处理要求输入或选择配置参数，点击"确定"按钮，生成专报。

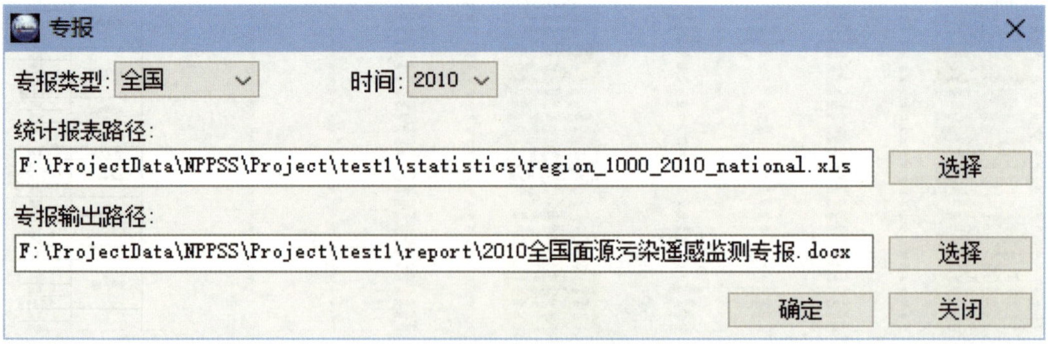

图 7-44　专报对话框

3.3.9　时间序列报表

进行统计分析后可以得到统计报表，一般是按年输出的数据，在进行时间序列分析时，需要将多年的统计报表合成一个报表。系统可以根据时间序列报表模板，将统计报表中数据合成起来。点击工具栏"时间序列报表"按钮或通过【菜单】→【业务】→【时间序列报表】打开时间序列报表对话框（图 7-45），根据业务处理要求输入或选择配置参数，点击"确定"按钮，得到时间序列报表处理结果（图 7-46）。

图 7-45　时间序列报表对话框

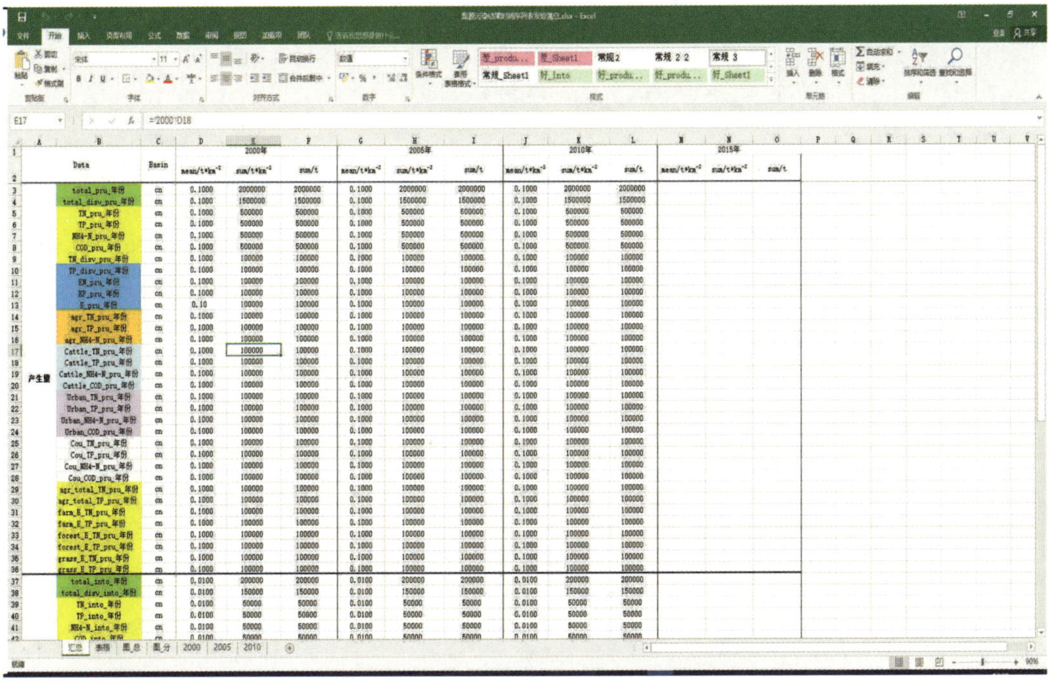

图 7-46　时间序列报表处理结果

3.4　使用技巧

DPeRS 是面向专业人员的业务处理工具，用户使用本软件时，为确保系统正常运行、处理结果正确，应对模型计算理论、数据处理的基本原理、业务流程逻辑、系统配置方式等方面有专业理解。

在进行业务数据结构配置时，要对原始数据进行校验，特别是针对基础栅格影像库数据，应确保数据使用的坐标系与系统设置的坐标系一致。

由于业务模型是基于像元计算的，基础栅格影像库像元的地理位置应进行精确配准，否则计算结果可能出现较大偏差。

第 8 章

全国农业面源污染监测评估数据上报系统使用手册

1 系统概述

全国农业面源污染监测评估数据上报系统依据《全国农业面源污染监测评估实施方案（2022—2025 年）》（环办监测〔2022〕23 号）的要求建设，提供了全国农业面源污染监测评估选区布点成果上报、地面综合监测数据上报、指标调查数据上报、遥感监测数据下发、野外核查成果上报及数据统计分析等核心功能，为全国农业面源污染监测评估业务的落地实施提供数据基础及技术支撑。

2 系统运行环境与访问

2.1 系统运行环境

本系统运行的软硬件环境不得低于以下配置（表 8-1），软件环境的操作系统和浏览器为必选项，否则系统无法正常运行。

表 8-1 系统运行环境

类别		具体要求
硬件环境	CPU	4 核处理器，主频 2.0 GHz 及以上
	内存	4 GB 以上
	可用硬盘空间	5 GB 以上
软件环境	操作系统	Windows 7/8/10/11 等操作系统
	浏览器	360 浏览器、搜狗浏览器等，采用极速模式不要使用兼容模式
网络环境		要求环保专网环境

2.2   系统访问地址及公共内容使用说明

通过浏览器输入网址（https://10.240.25.248：18088），即可打开系统登录页面，在此登录页面中输入用户名、密码及验证码，点击"登录"按钮即可进入系统。系统登录页面如图 8-1 所示。

图 8-1　系统登录页面

用户登录系统后，可以看到系统的主页面，包括菜单栏、系统消息和账号栏、地图栏、图层控制栏、监测区和监测点位信息汇总和季度/年度数据上报按钮栏等。系统主页面如图 8-2 所示。

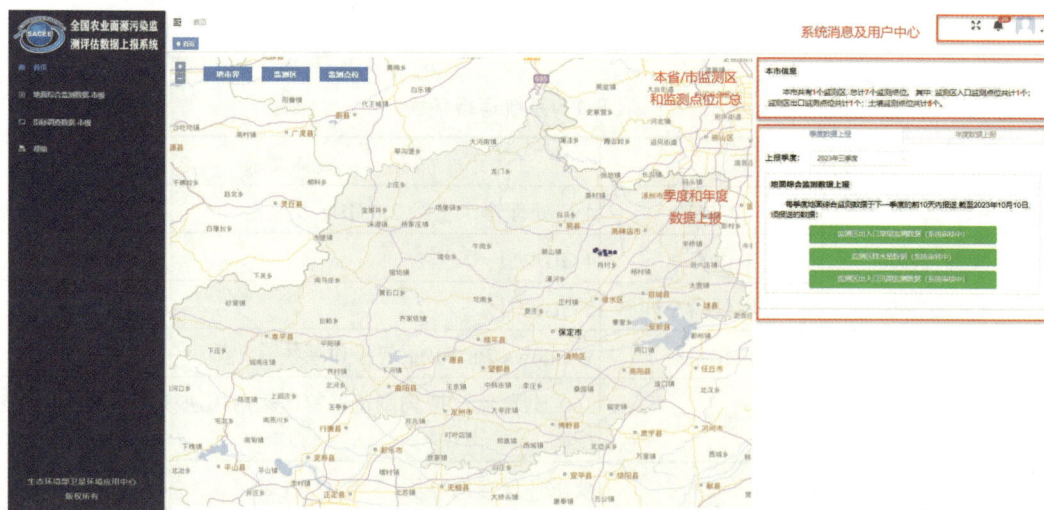

图 8-2　系统主页面

（1）菜单栏：根据登录用户的角色权限，系统提供相应的操作菜单。"帮助"菜单下包含两个二级菜单——"文件下载"和"使用说明"。

1）"文件下载"菜单对应的页面主要是下载相关标准、规范、上报模板、编码规则、参考数据等内容。"文件下载"菜单页面如图 8-3 所示。

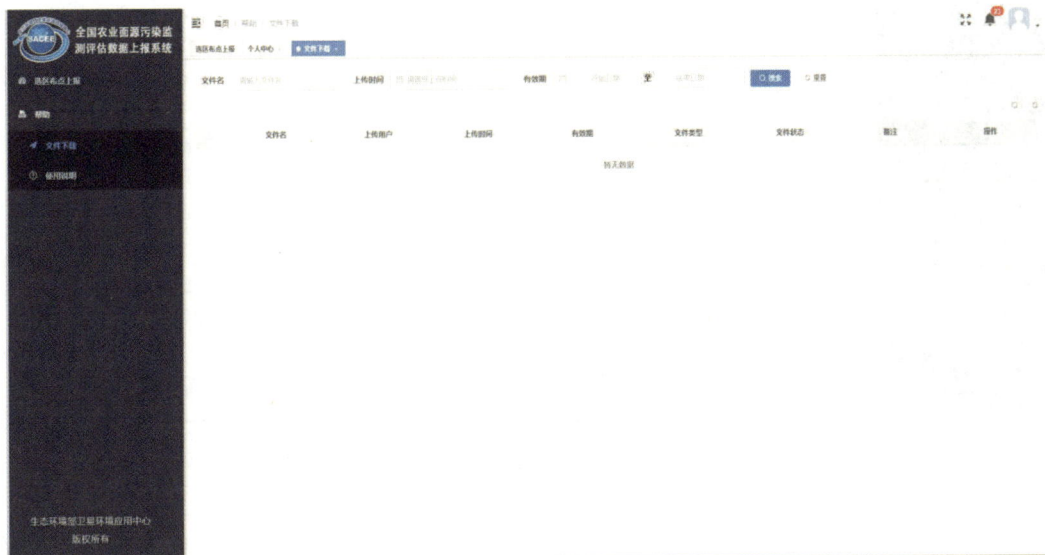

图 8-3　文件下载页面

2）"使用说明"菜单对应的页面主要是下载系统使用说明、培训 PPT、培训视频等内容。"使用说明"菜单页面如图 8-4 所示。

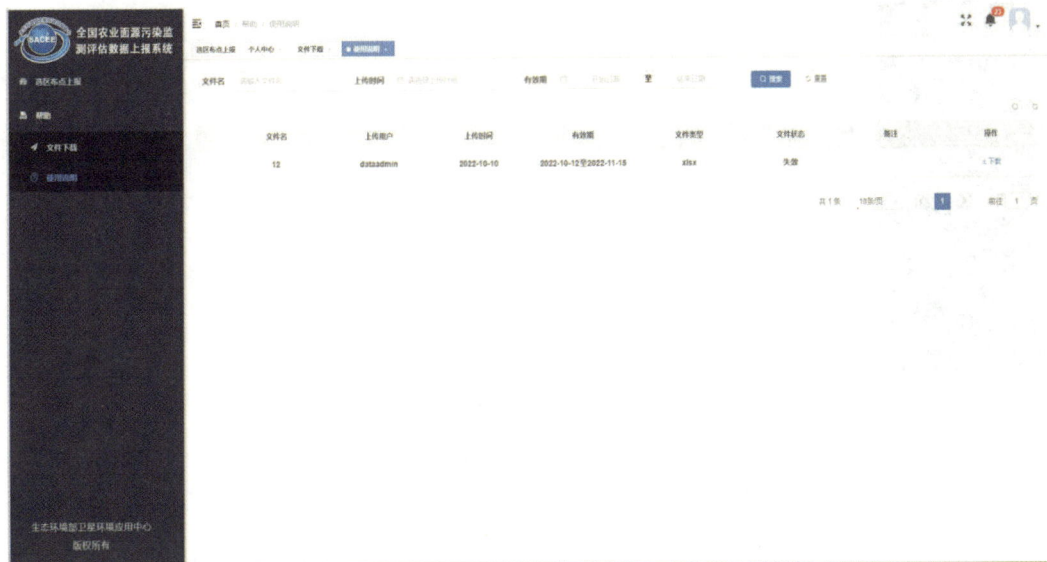

图 8-4　使用说明页面

（2）系统消息和账号栏：包含"消息中心""个人中心""退出登录"3 个功能按钮。

1)"消息中心"按钮对应的页面主要提供消息的查看、管理等功能。"消息中心"页面如图 8-5 所示。

图 8-5　消息中心页面

2)"个人中心"按钮对应的页面主要提供账户信息查看、修改和密码修改等功能。"个人中心"页面如图 8-6 所示。

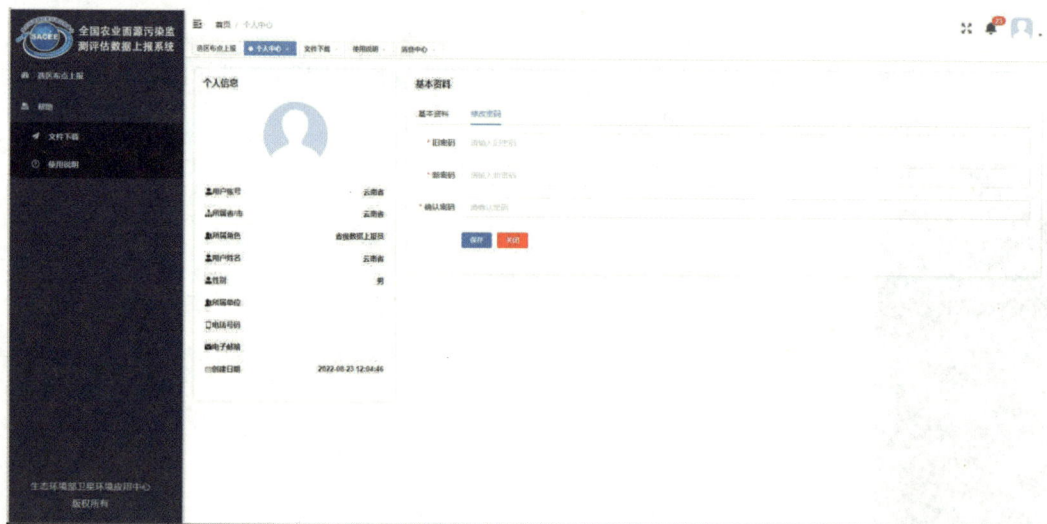

图 8-6　个人中心页面

（3）地图栏、图层控制栏、监测区和监测点位信息汇总和季度/年度数据上报按钮栏等是实现区域数据上报的主要功能组件，涉及的用户交互操作较多，将在具体"数据上报"业务中进行详细说明。

3 选区布点数据上报

3.1 上报流程演示

【步骤 1】上传监测区

首先点击"上传监测区"按钮；通过查找目录找到监测区压缩文件（.zip 格式）所在的文件夹，点击"打开"按钮将压缩文件进行上传；当页面显示上传成功（绿色字体）的指示时表明文件上传成功。此时，通过主界面也可以查看所上传监测区的个数以及地理位置，如图 8-7 所示。

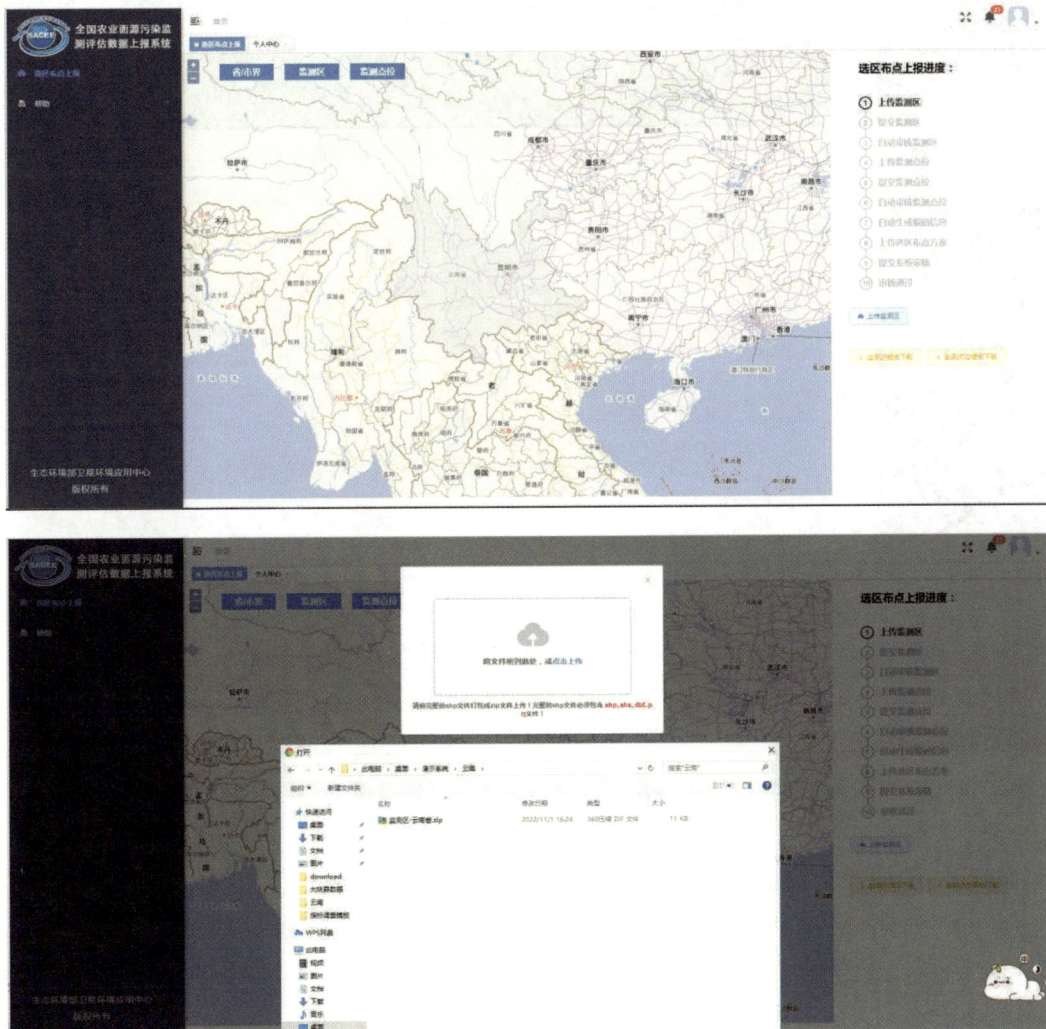

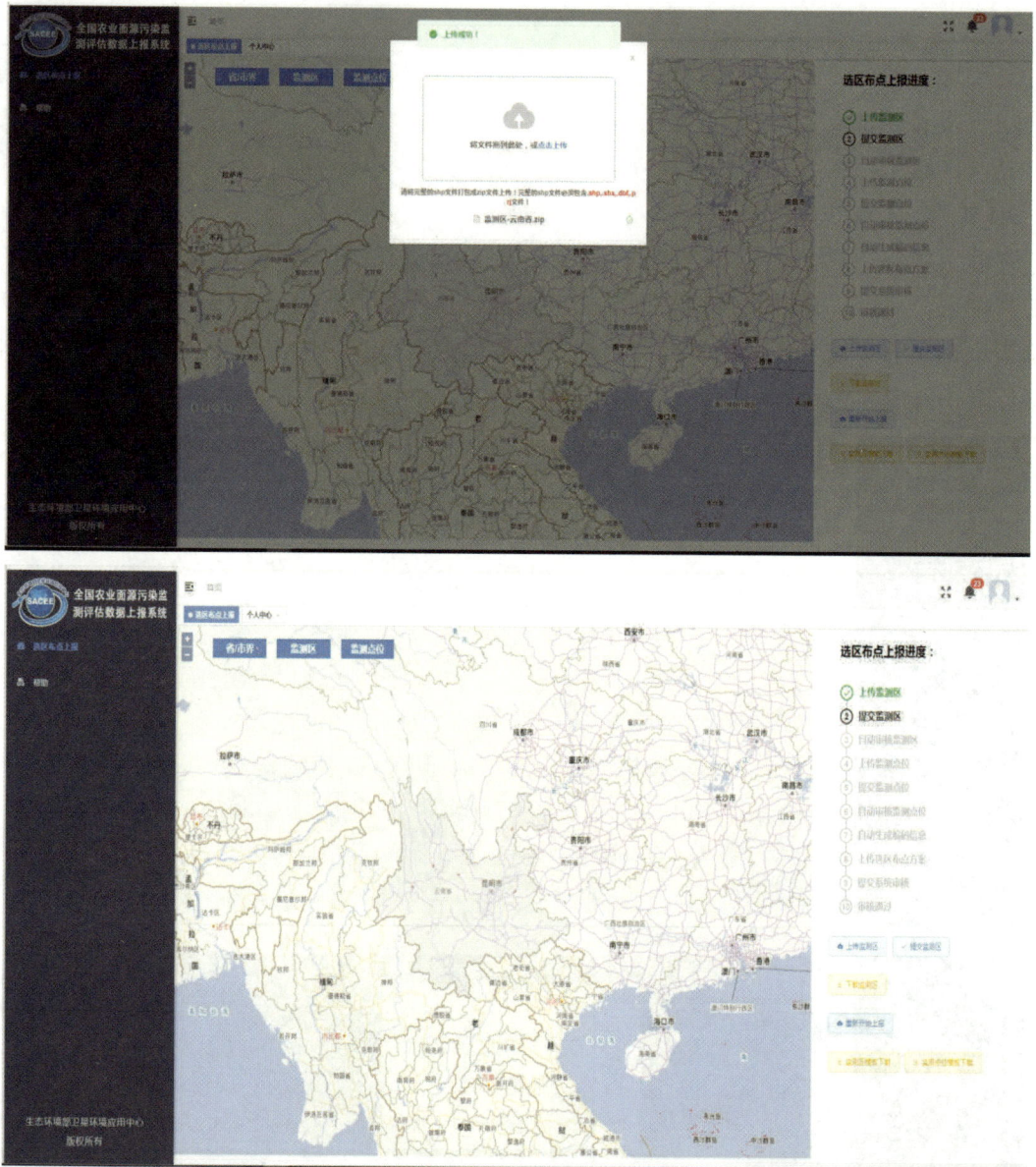

图 8-7　上传监测区操作过程

【步骤 2】提交监测区

点击"提交监测区"按钮，出现"是否确认提交监测区数据？"的系统提示，若确认提交的监测区文件没问题，则点击"确定"按钮；此时，在主屏幕的上方显示"监测区域提交成功，系统将在 5 分钟内自动审核数据，请等待系统审核完成"，系统后台自动审核预计耗时 10～15 秒，审核通过之后页面会自动刷新，如图 8-8 所示。

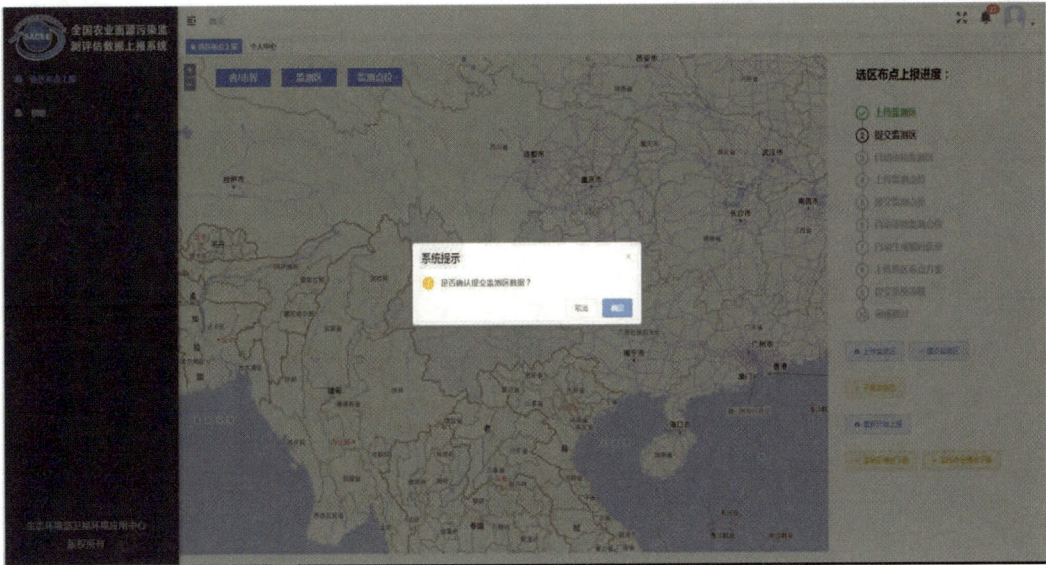

图 8-8　提交监测区操作过程

【步骤 3】自动审核监测区

监测区审核是否通过可以通过以下两种方式查看：一种方式是查看步骤中的"自动审核监测区"字体是否变绿；另一种方式是查看界面右上角的消息提示，通过查看消息显示监测区是否审核成功，如图 8-9 所示。

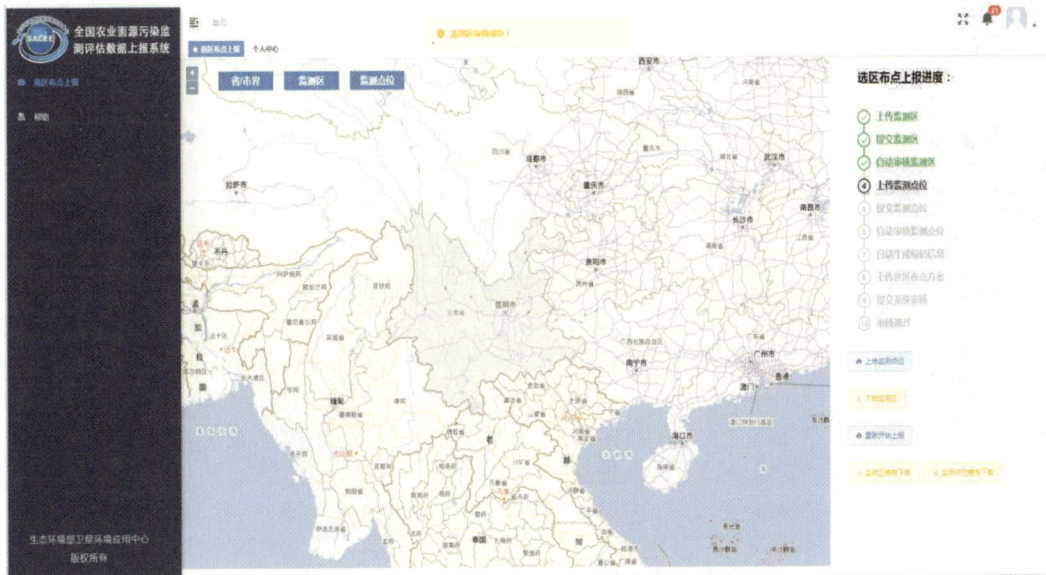

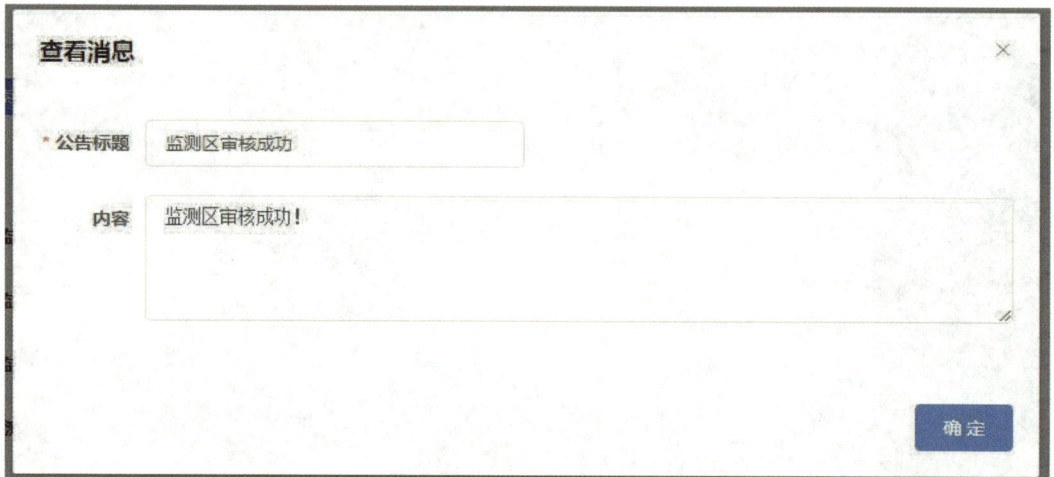

图 8-9　自动审核监测区操作过程

【步骤 4】上传监测点位

点击"上传监测点位"按钮，通过查找目录找到监测点文件（.xls 或.xlsx 格式）所在的文件夹，点击"打开"按钮将数据文件进行上传；当页面显示上传成功（绿色字体）的指示时表明文件上传成功，同时通过地图也可查看上传的监测点位个数及地理位置，如图 8-10 所示。

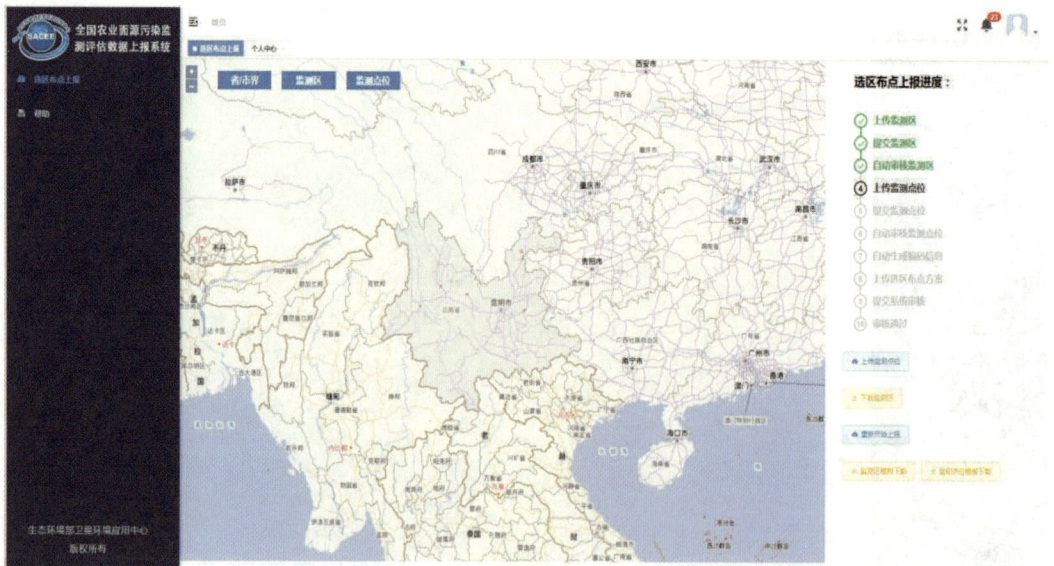

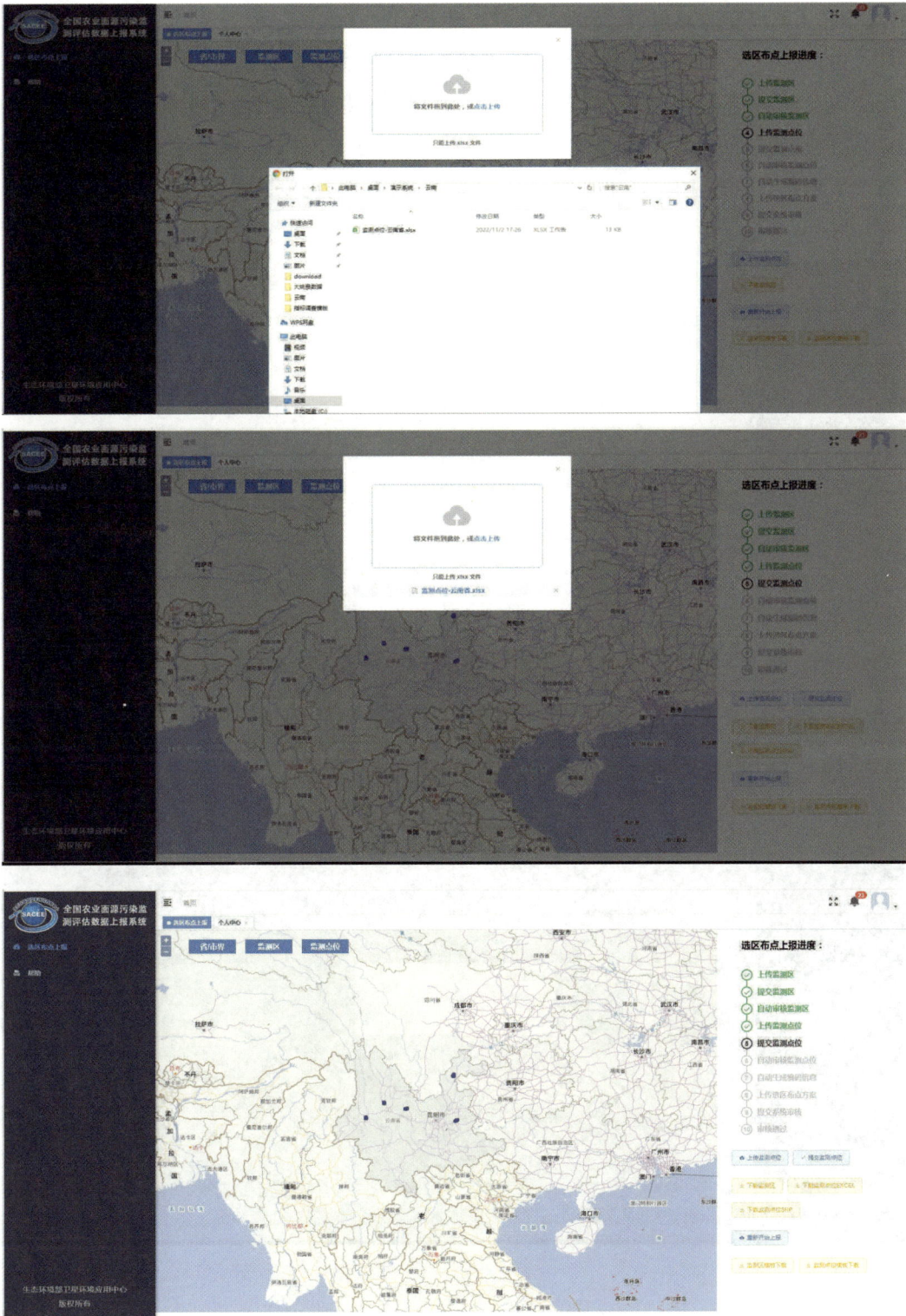

图 8-10　上传监测点位操作过程

【步骤5】提交监测点位

点击"提交监测点位"按钮，出现"是否确认提交监测点位数据？"的系统提示，若确认提交的监测点位文件没问题，则点击"确定"按钮；此时，在主屏幕的上方显示"监测点位提交成功，系统将在 5 分钟内自动审核数据，请等待系统审核完成"，系统后台自动审核预计耗时 10～15 秒，审核通过之后页面会自动刷新，如图 8-11 所示。

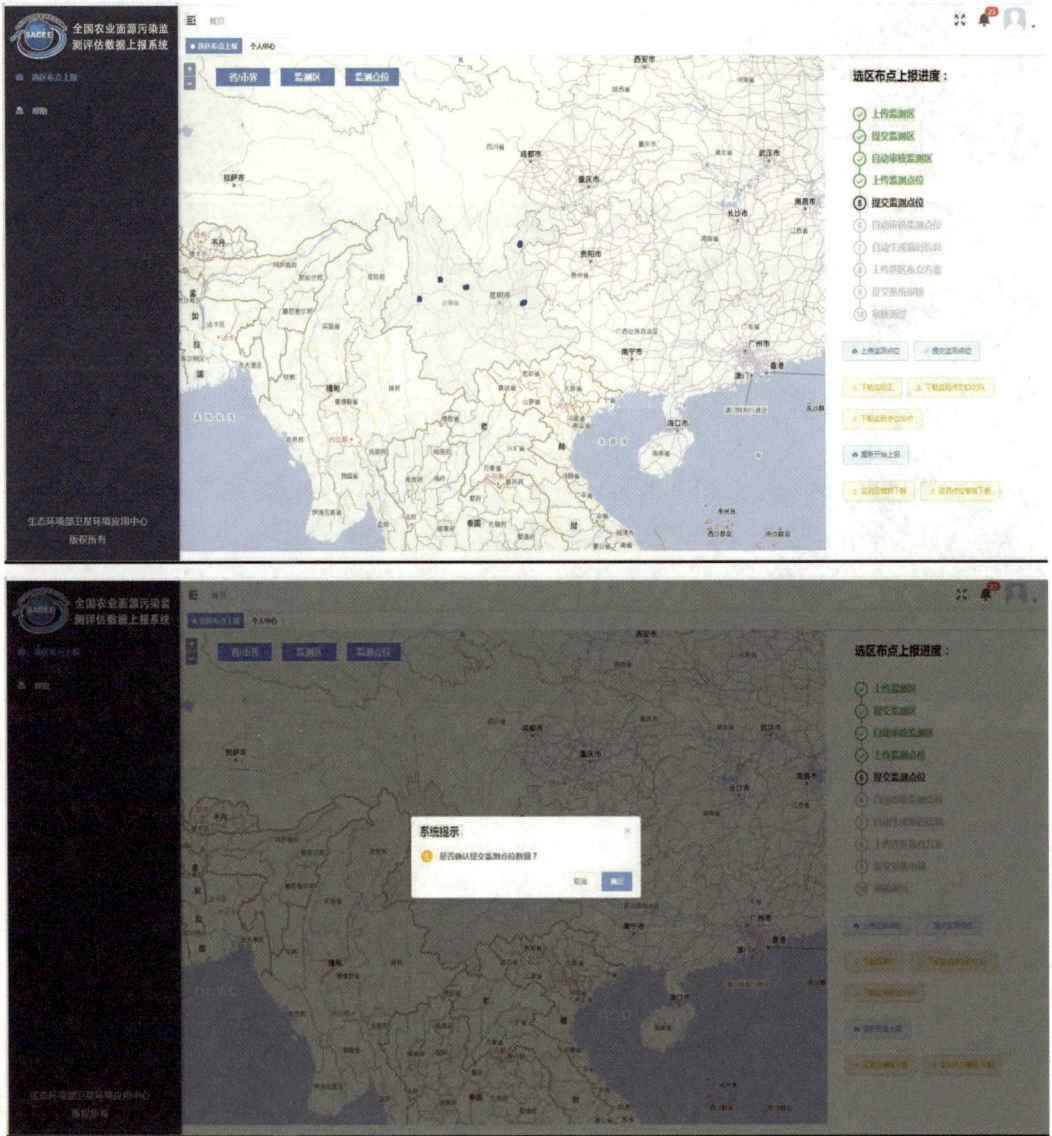

图 8-11　提交监测点位操作过程

【步骤 6】自动审核监测点

监测点位审核是否通过可以通过以下两种方式查看：一种方式是查看步骤中的"自动审核监测点位"字体是否变绿；另一种方式是查看界面右上角的消息提示，通过查看消息显示监测点位是否审核成功，如图 8-12 所示。

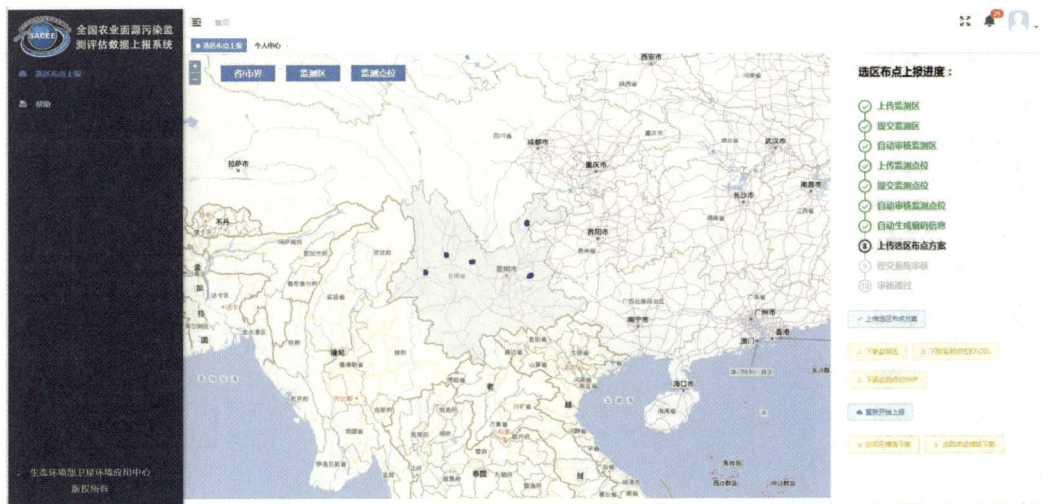

图 8-12　自动审核监测点位操作过程

【步骤 7】自动生成编码信息

监测点位审核成功之后，系统将自动进入"自动生成编码信息"步骤。监测区和监测点位所生成的编码信息可以通过两种方式进行查看：一种方式是将鼠标放到监测区或监测点位上，鼠标旁边会显示对应的编码信息；另一种方式是通过"下载监测区""下载监测点位 Excel""下载监测点位 SHP 文件"按钮下载监测区和监测点位文件，生成的编码信息已经包含在对应矢量文件和 Excel 表格中，如图 8-13 所示。

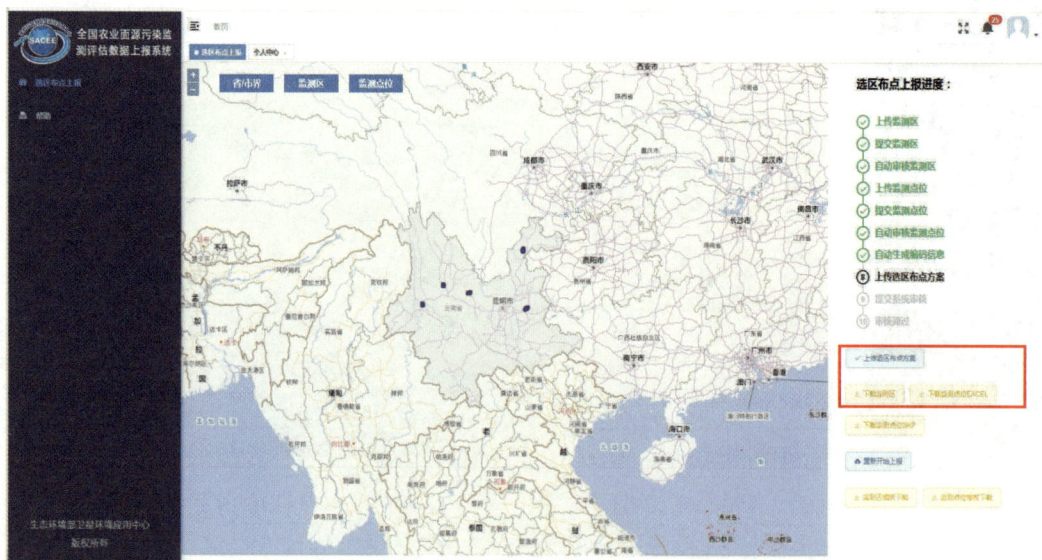

图 8-13　自动生成编码信息操作过程

可在地图查看自动生成的监测区编号及监测点位编号信息，如图 8-14 所示。

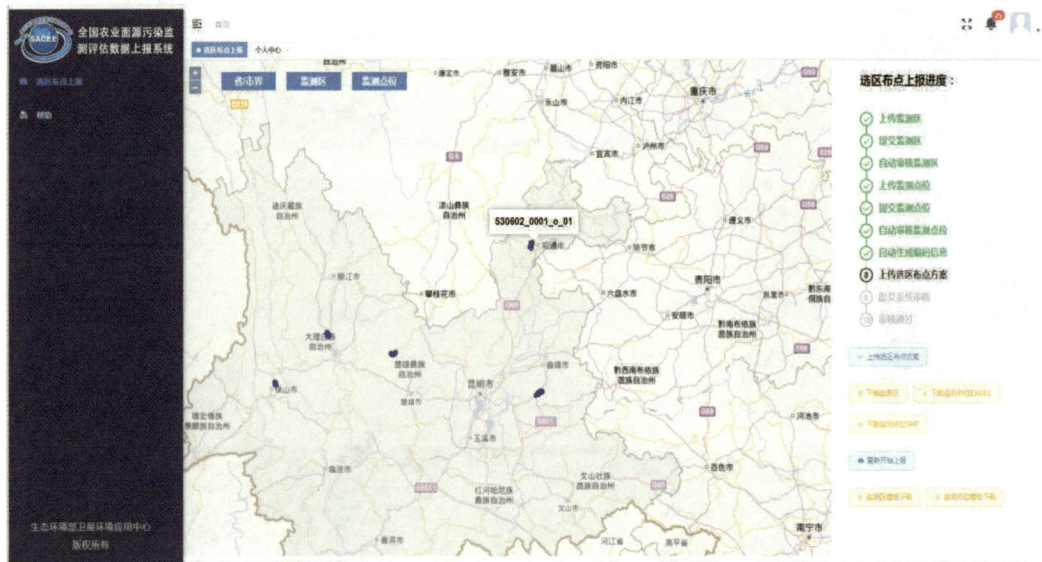

图 8-14　查看选区布点编码

【步骤 8】上传选区布点方案

确认编码信息准确无误后，进行选区布点方案上传。选区布点方案为文本内容，上传步骤如图 8-15 所示。

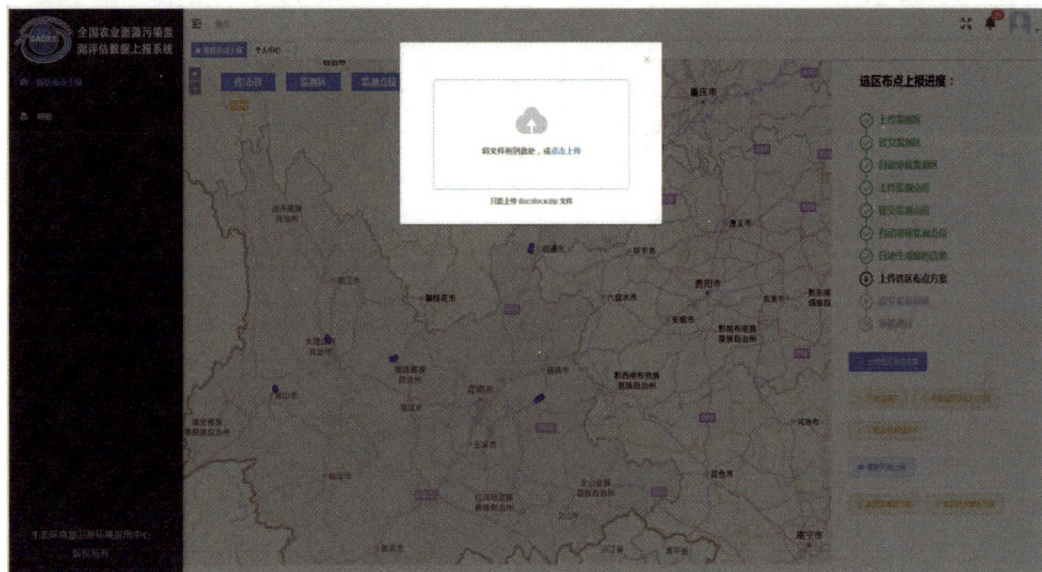

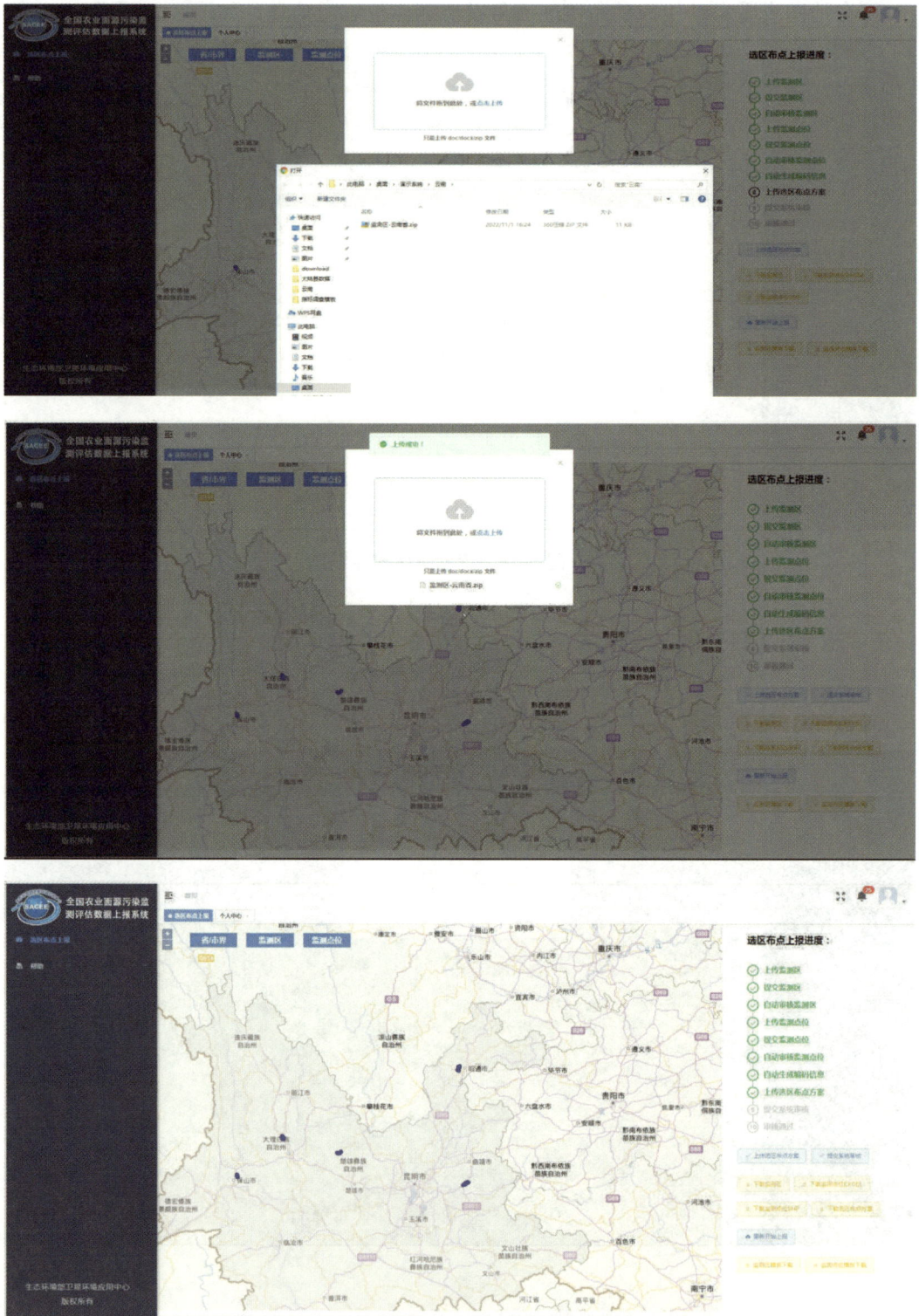

图 8-15　选区布点方案上传步骤

【步骤 9】提交系统审核

监测区、监测点位及选区布点方案都准确上传后，点击"提交系统审核"按钮后，界面出现"确认提交系统审核？"系统提示，点击"确定"按钮完成数据提交。此时，流程进入系统审核阶段，如图 8-16 所示。

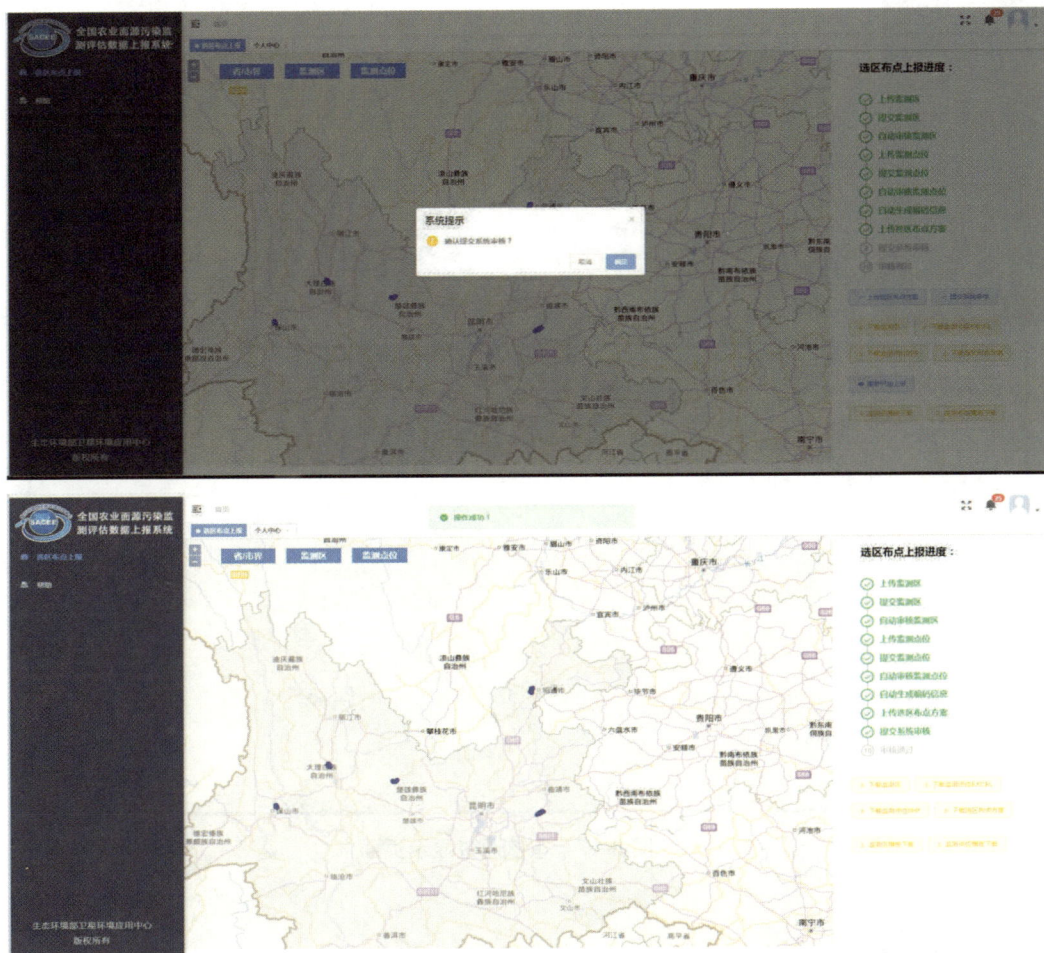

图 8-16　提交系统审核操作过程

【步骤 10】审核通过

生态环境部卫星环境应用中心将组织专家对各省（自治区、直辖市）和新疆生产建设兵团提交的数据进行审核。专家审核结果通过系统下发：①若提交的监测区和监测点位文件通过了专家审核，则流程进入"审核通过"（显示为绿色字体）步骤；②若提交的监测区和监测点位文件存在问题导致没有通过专家审核，则会退回到"提交系统审核"（显示为红色字体）步骤，存在的具体问题可以通过界面右上角的弹窗内容查看，如图 8-17 和图 8-18 所示。

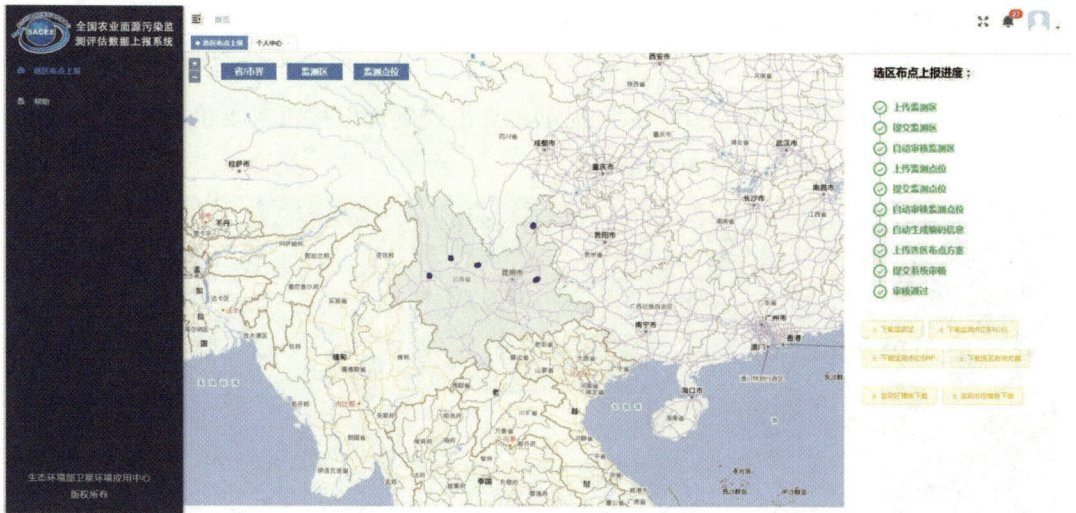

图 8-17　审核通过显示页面

图 8-18　审核未通过显示页面

3.2　自动审核错误提示说明

3.2.1　监测区矢量文件中监测区个数不满足要求

　　《全国农业面源污染监测评估实施方案（2022—2025 年）》（环办监测〔2022〕23 号）附件 1 中明确了本次全国各省份需要提交的农业面源污染监测区最少数量（以监测区总数为准），若提交的监测区压缩文件中包含的监测区个数少于最低个数，第三步"自动审核监测区"步骤的字体会显示红色。此外，可以通过查看右上角的弹窗信息，消息会显示监测区文件存在的问题，如图 8-19 所示。

查看消息   ×

* 公告标题   监测区审核失败

内容   上传监测区个数不对，需要上传2个监测区，只上传了1个！

确定

图 8-19   提交监测区个数不满足要求情况显示

3.2.2   监测区压缩文件中文件缺项

提交的监测区压缩矢量文件中至少要包括.dbf、.prj、.shp 和.shx4 个文件，当缺少其中一个文件时（如.shx），在第一步上传监测区时，界面会显示"数据保存失败！上传监测区域 SHP 文件必须包含.shp，.shx，.dbf，.prj，缺少[.shx]"，如图 8-20 所示。

名称	修改日期
监测区范围模板_上传模板.dbf	2022/10/4 9:14
监测区范围模板_上传模板.prj	2022/9/8 16:18
监测区范围模板_上传模板.shp	2022/10/4 9:14
监测区范围模板_上传模板.shx	2022/10/4 9:14

名称	修改日期
监测区范围模板_上传模板.dbf	2022/10/4 9:14
监测区范围模板_上传模板.prj	2022/9/8 16:18
监测区范围模板_上传模板.shp	2022/10/4 9:14

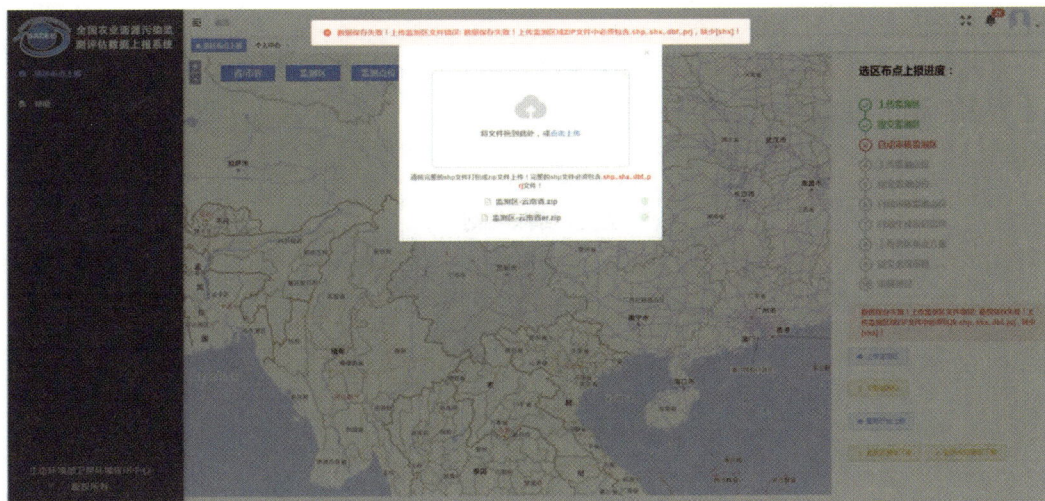

图 8-20　监测区文件缺项情况显示

3.3　监测区和监测点位编码规则

监测区和监测点位编码中包含了行政区划代码。本系统中采用的行政区划代码是中华人民共和国民政部颁布的《2020 年 12 月中华人民共和国县以上行政区划代码》（具体下载地址为 https://www.mca.gov.cn/article/sj/xzqh/1980/202105/20210500033655.shtml），图 8-21 显示了部分省市行政区划代码信息。

2020年12月中华人民共和国县以上行政区划代码

行政区划代码	单位名称		行政区划代码	单位名称
			230000	黑龙江省
			230100	哈尔滨市
			230102	道里区
			230103	南岗区
			230104	道外区
			230108	平房区
110000	北京市		230109	松北区
110101	东城区		230110	香坊区
110102	西城区		230111	呼兰区
110105	朝阳区		230112	阿城区
110106	丰台区		230113	双城区
110107	石景山区		230123	依兰县
110108	海淀区		230124	方正县
110109	门头沟区		230125	宾县
110111	房山区		230126	巴彦县
110112	通州区		230127	木兰县
110113	顺义区		230128	通河县
110114	昌平区		230129	延寿县
110115	大兴区		230183	尚志市
110116	怀柔区		230184	五常市
110117	平谷区		230200	齐齐哈尔市
110118	密云区		230202	龙沙区
110119	延庆区		230203	建华区
			230204	铁锋区
			230205	昂昂溪区
			230206	富拉尔基区

图 8-21　县以上行政区划代码示例

3.3.1 监测区编码规则

监测区的编码规则如图8-22所示，前6位数字代表行政区划代码，后4位数字代表整个省内监测区编号。

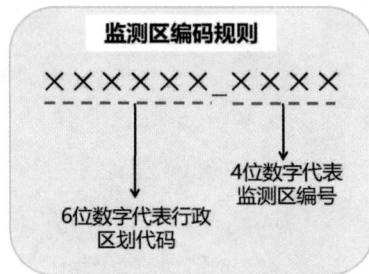

图8-22 监测区编码规则

省（2位）市（2位）县或区（2位）_0001，监测区编号依次增加（按照由上往下且从左往右的顺序进行编码）。

例如，监测区#1位于黑龙江省齐齐哈尔市建华区，则编号为230203_0001；监测区#2位于黑龙江省哈尔滨市松北区，则编号为230109_0002。

3.3.2 监测点位编码规则

各省（自治区、直辖市）和新疆生产建设兵团的监测区最少个数已经确定，但每个监测区上的监测点个数尚不确定。监测点的具体编码规则如图8-23所示，前6位数字代表行政区划代码；相邻的4位数字表示整个省内的监测区编号；1位字母代表监测点所处的位置类型，i和o分别表示位于监测区入口和出口处的监测点位，s表示位于监测区内部的土壤监测点，d表示位于监测区出入口上下游500 m范围内的入河排污口监测点，a表示位于监测区内部的水产养殖监测点；最后2位数字表示监测点编号。

省市县（区）_0001_i_01→监测区#1入口处监测点位；

省市县（区）_0001_o_01→监测区#1出口处监测点位；

省市县（区）_0001_s_01→监测区#1内土壤监测点位；

省市县（区）_0001_d_01→监测区#1入河排污口监测点位；

省市县（区）_0001_a_01→监测区#1水产养殖监测点位。

例如，位于黑龙江省齐齐哈尔市建华区内监测区#1入口处的第一个监测点位，则编码为230203_0001_i_01；位于黑龙江省哈尔滨市松北区内监测区#2出口处的第一个监测点位，则编码为230109_0002_o_01。

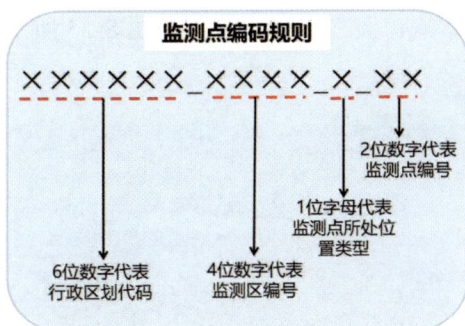

图 8-23　监测点编码规则

4　地面综合监测数据上报

针对地面综合监测数据上报功能，系统提供了由省级监测单位统一上报国家（"省—国家"上报模式）和地市监测单位上报省级监测单位，由省级负责审核地市上报数据质量并最终汇总全省数据统一上报国家（"地市—省—国家"上报模式）。

下面以监测区出入口常规监测数据上报为例，分别介绍"省—国家"上报流程和"地市—省—国家"上报流程。

4.1　"省—国家"上报流程演示

【步骤 1】进入上报界面

在首页选中"季度数据上报"，选择好上报季度，如图 8-24 所示。

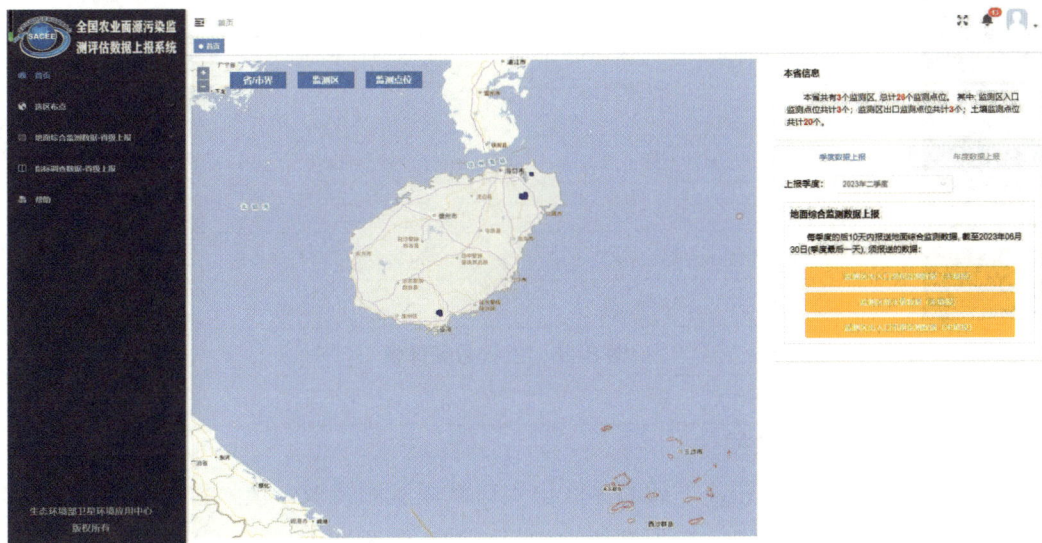

图 8-24　首页

点击"监测区出入口常规监测"按钮，进入如图 8-25 所示的界面。

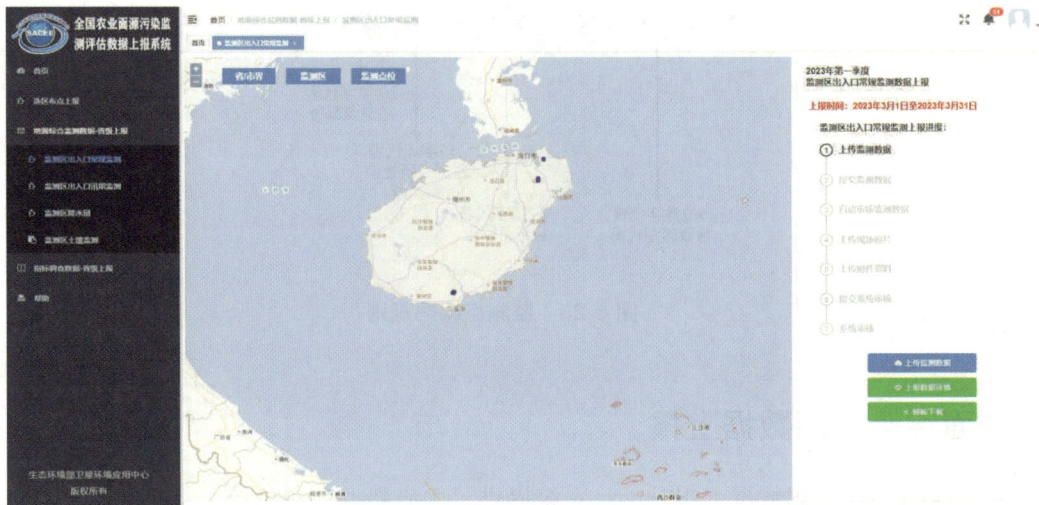

图 8-25 监测区出入口常规监测

点击"上报数据详情"按钮，进入上报明细页面，可查看各时间上报数据记录，如图 8-26 所示。

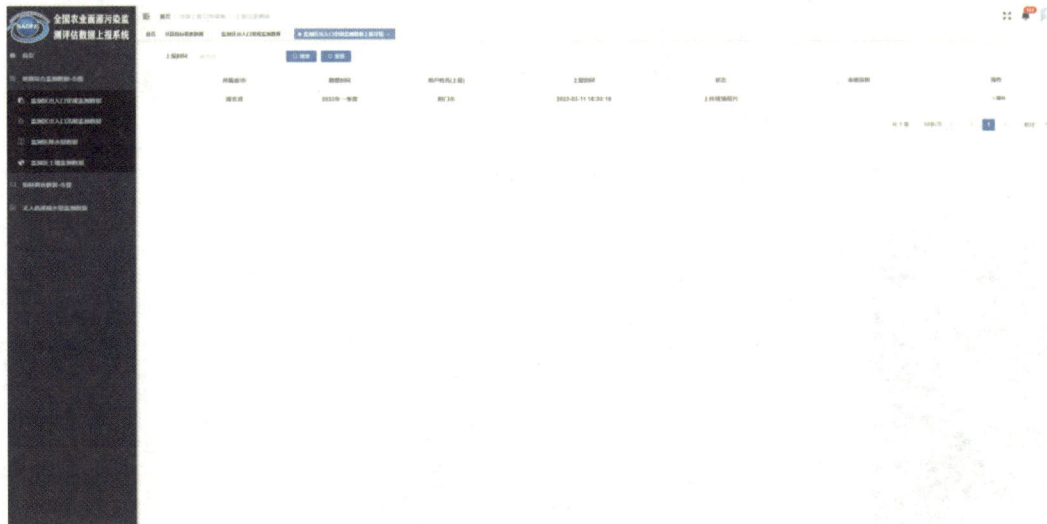

图 8-26 上报数据详情

【步骤 2】上报监测数据

点击"模板下载"按钮，下载监测区出入口常规监测模板，填入数据后，点击"上传监测数据"按钮，上传.xlsx 数据文件，如图 8-27～图 8-29 所示。

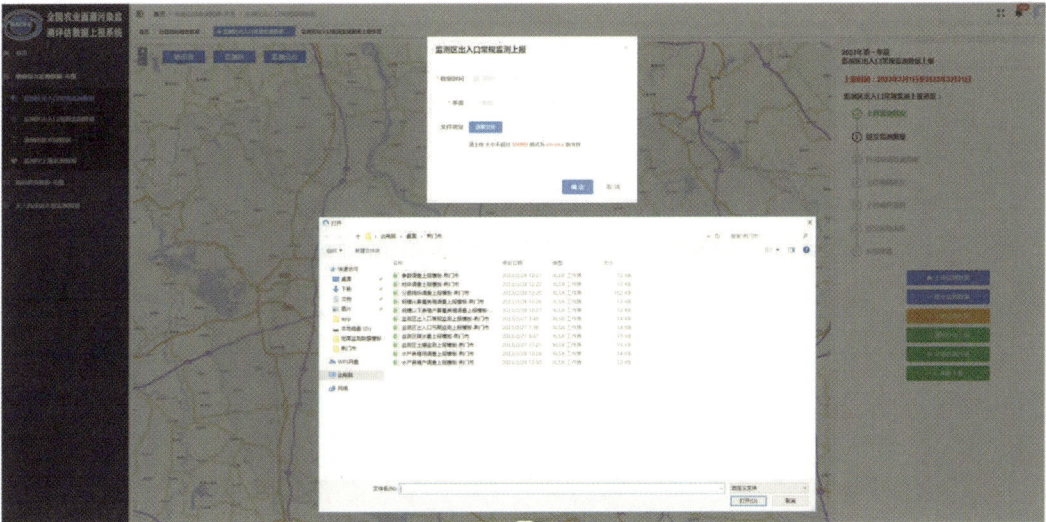

图 8-27　监测区出入口常规监测上报图示一

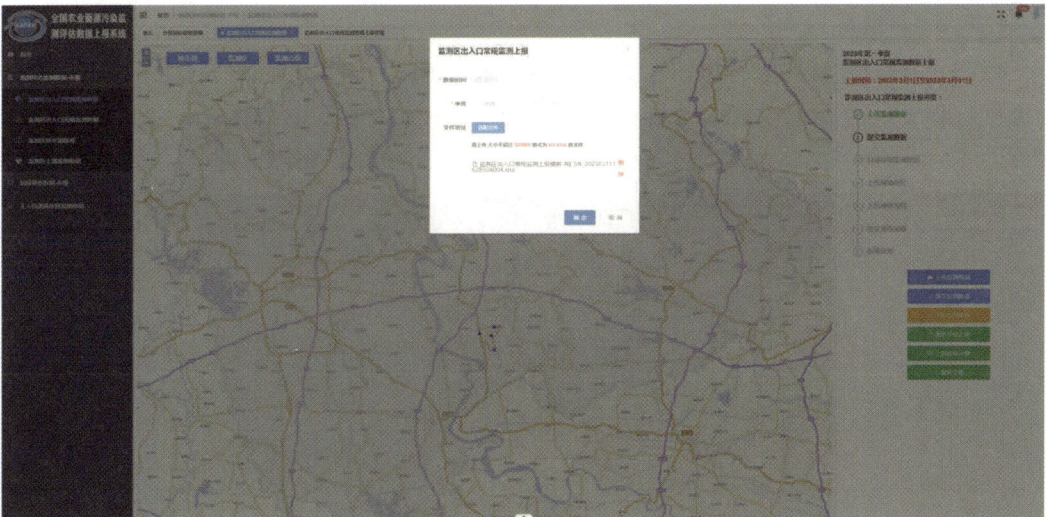

图 8-28　监测区出入口常规监测上报图示二

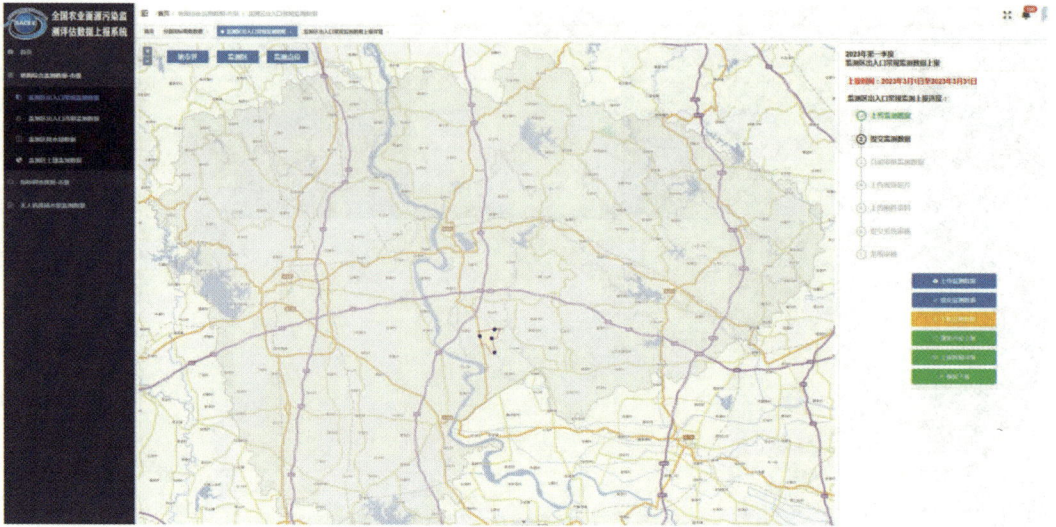

图 8-29   监测区出入口常规监测上报图示三

【步骤 3】提交监测数据

点击"提交监测数据"按钮，系统进入自动审核监测数据流程，对上报数据格式及内容进行校验，并在提交后 5 分钟内给出自动审核反馈信息，如图 8-30～图 8-32 所示。

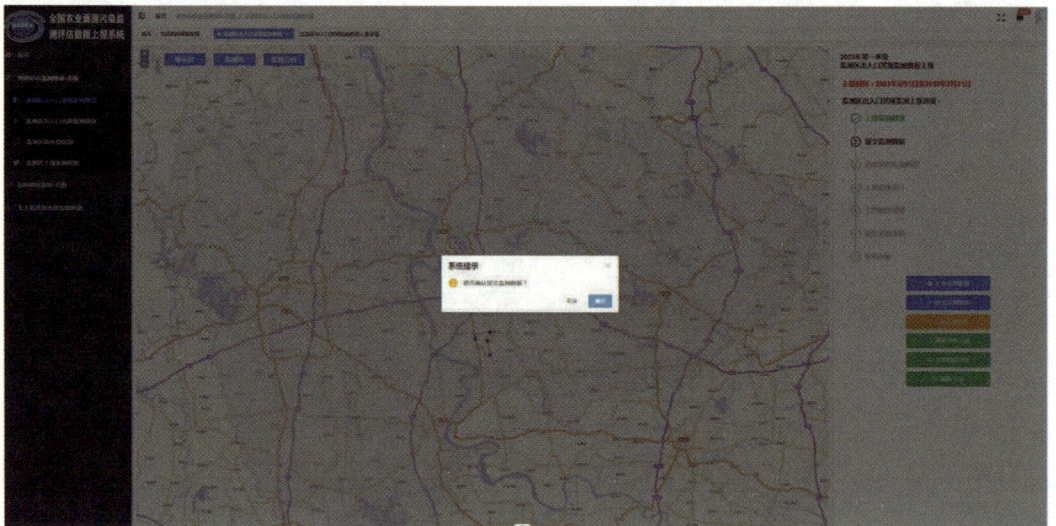

图 8-30   提交监测数据

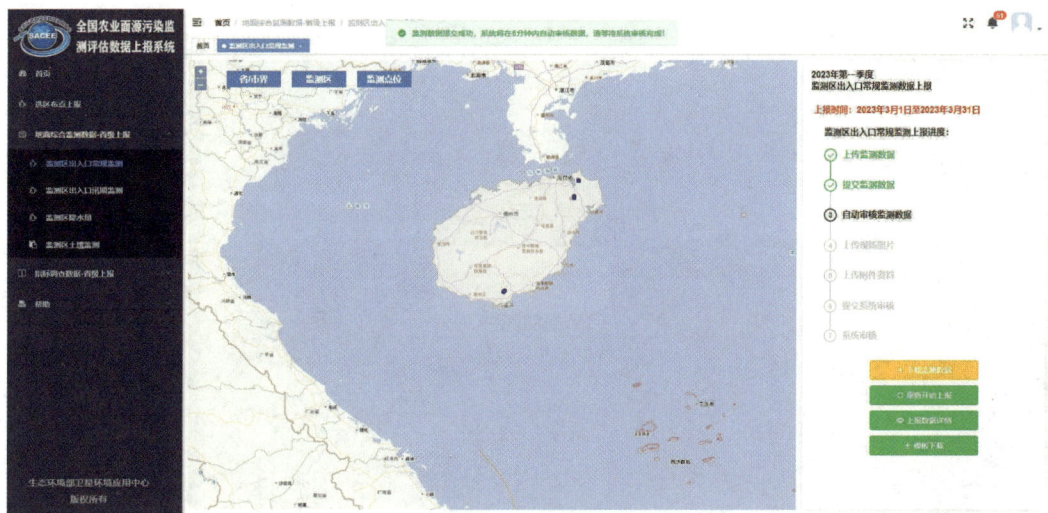

图 8-31　自动审核等待

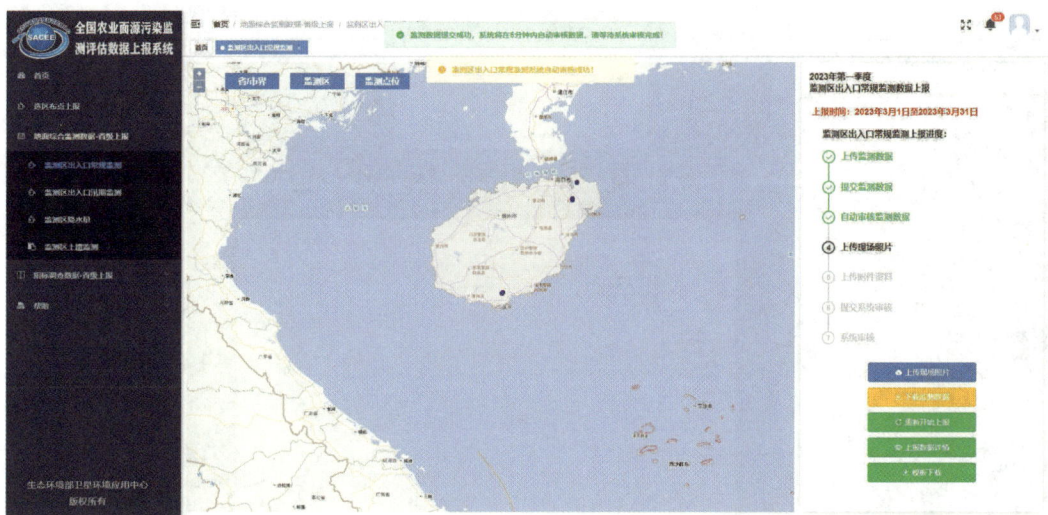

图 8-32　自动审核完成

【步骤4】上传现场照片

对于上报点位监测数据，除"监测区降水量"模块外，其他均需要上传现场照片；对于 2023 年第一季度的上报数据，允许跳过上传现场照片步骤，但后续季度必须上传现场照片（图 8-33、图 8-34）。

上传现场照片命名规则：点位编号_8 位日期_序号.图片后缀（如 420881_0003_s_01_20230102_01.png），日期必须与上报监测日期关联，不得上报与监测点位无关的照片。

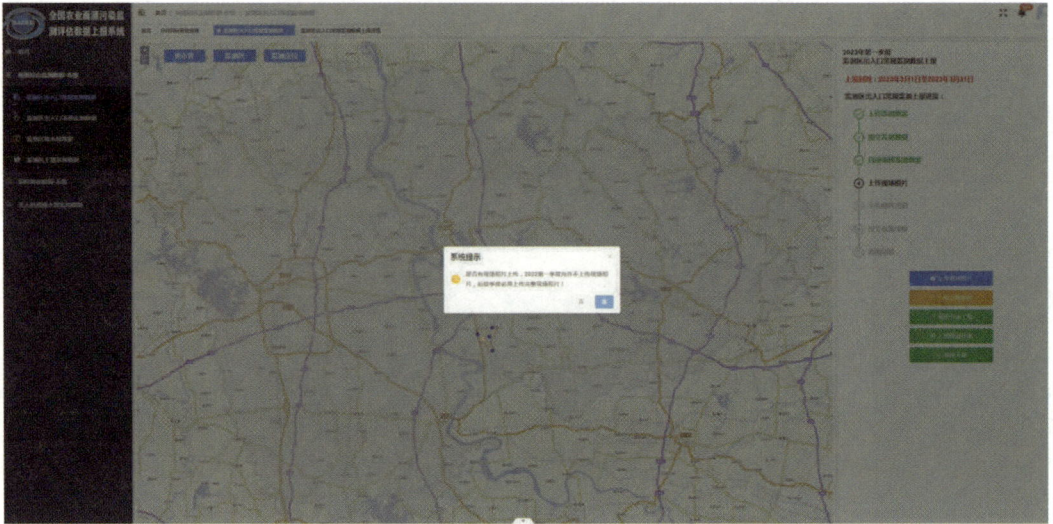

图 8-33   确定现场照片是否上传

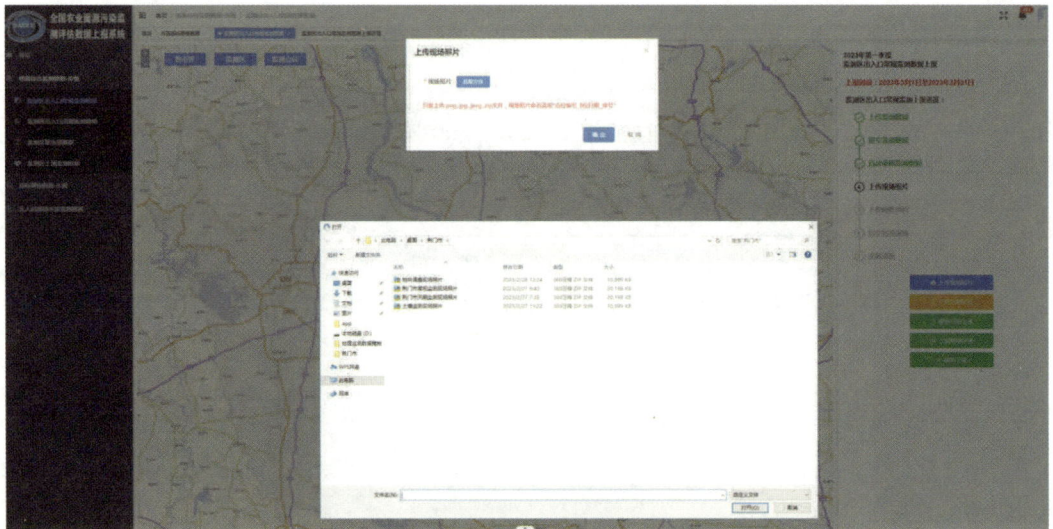

图 8-34   现场照片上传

上传现场照片后点击点位，可看到上报具体点位的照片信息（图 8-35）。

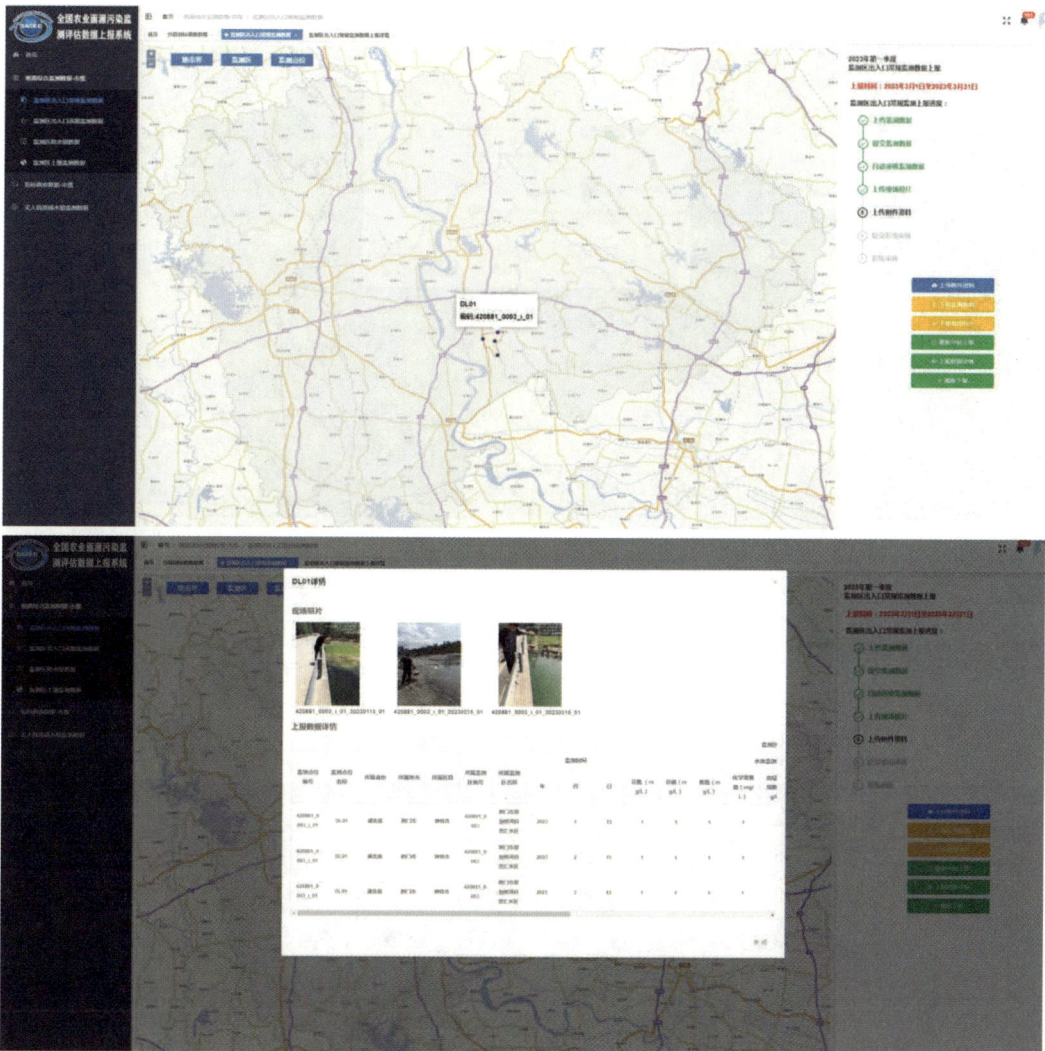

图 8-35　点位综合信息详情页面

【步骤 5】上传附件资料

只有地面综合监测数据有此流程。

上报数据中出现某个点位有必测项指标的监测值是 "−1" 时（表示该点位的该指标项未监测），必须上传"监测情况说明"（图 8-36）。

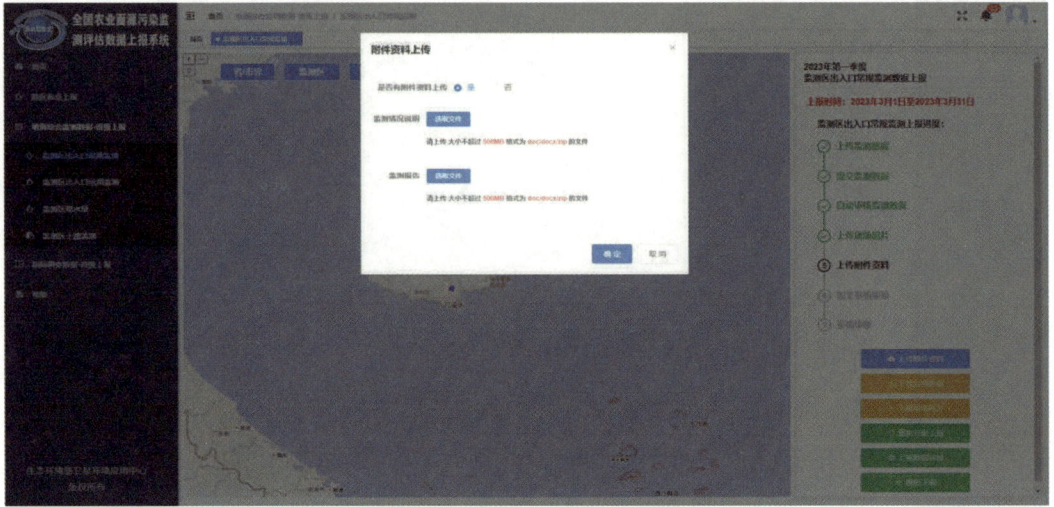

图 8-36　监测情况说明上传

【步骤6】提交系统审核

省级用户提交系统审核后将由国家审核省级数据（图 8-37、图 8-38）。

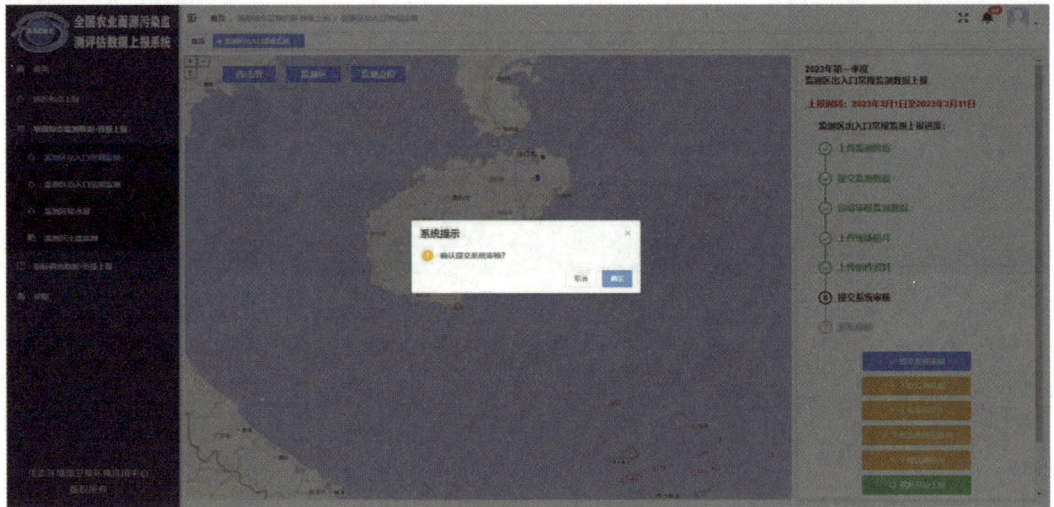

图 8-37　提交审核

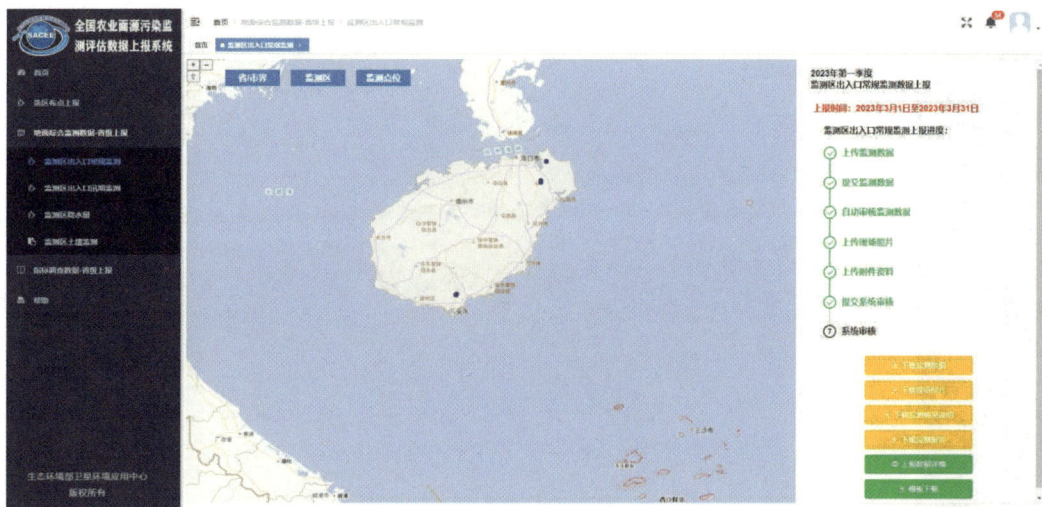

图 8-38　提交完成待审核

4.2　"地市—省—国家"上报流程演示

4.2.1　地市审核及上报操作演示

【步骤 1】进入上报界面

在首页选中"季度数据上报"，选择好上报季度，如图 8-39 所示。

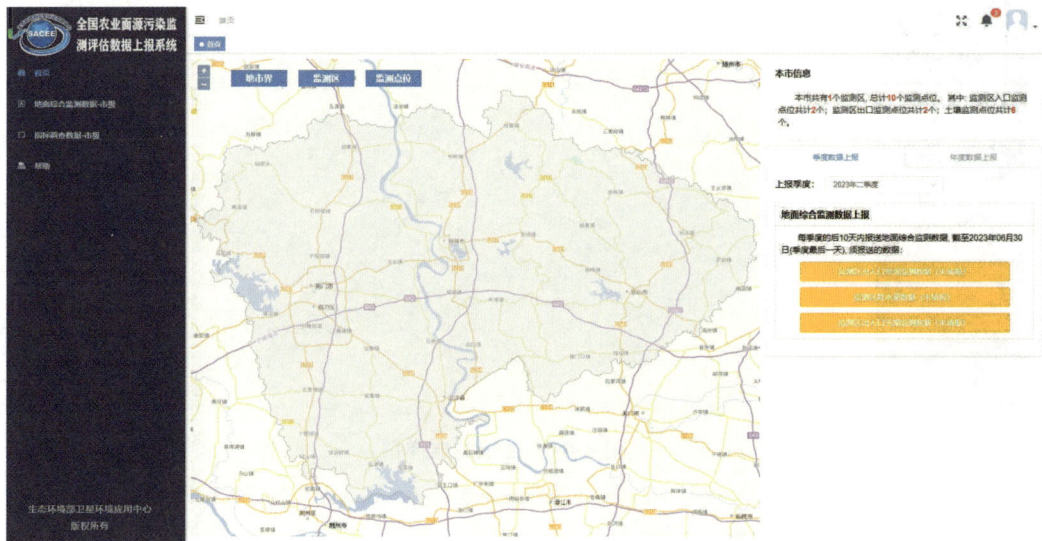

图 8-39　首页

点击"监测区出入口常规监测"按钮，进入如图 8-40 所示的界面。

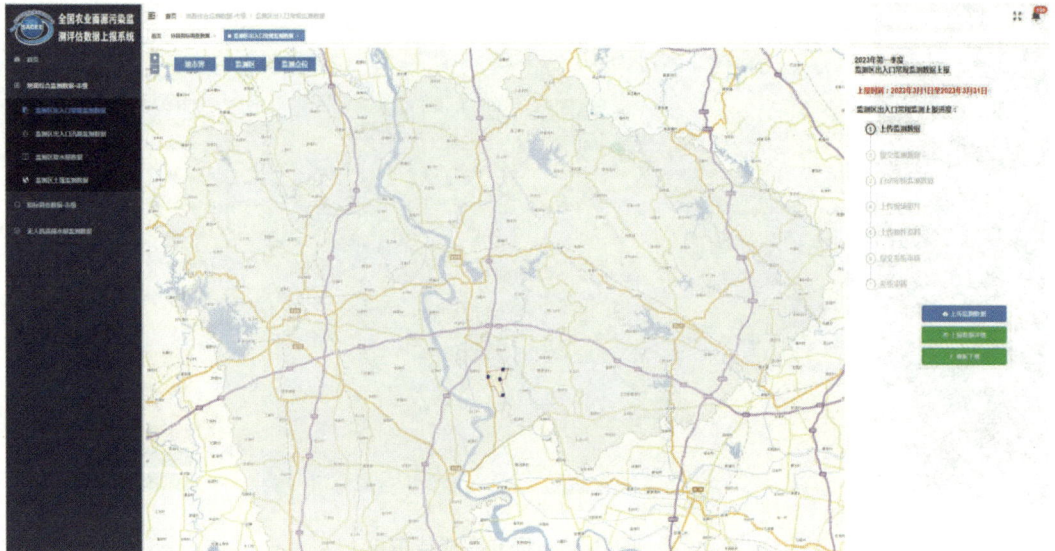

图 8-40　监测区出入口常规监测

点击"上报数据详情"按钮，进入上报明细页面，可查看各时间上报的数据（图 8-41）。

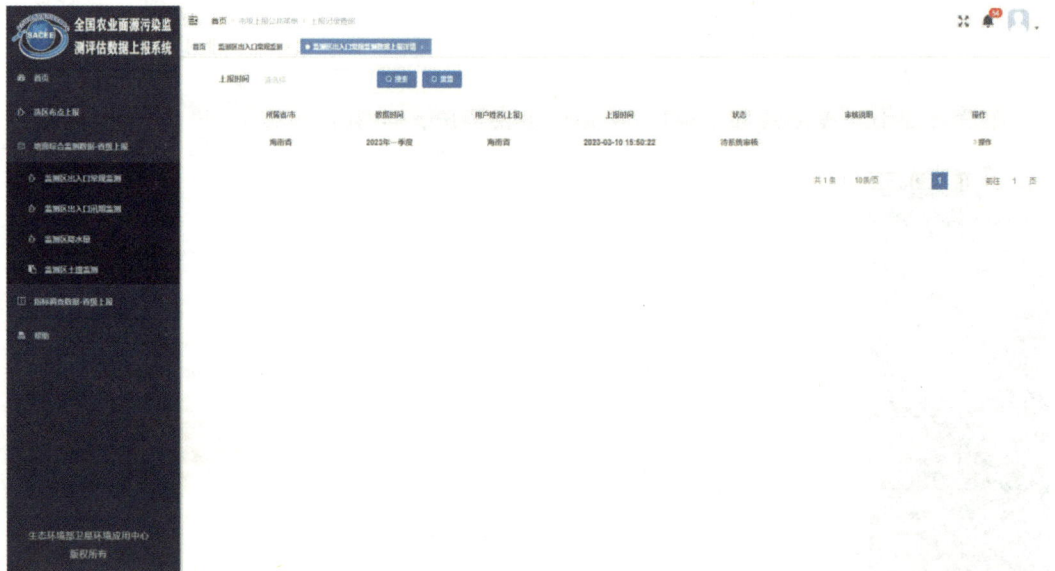

图 8-41　上报数据详情

【步骤 2】上传监测数据

点击"模板下载"按钮，下载监测区出入口常规监测模板，填入好数据后，点击"上传监测数据"按钮，上传 Excel 数据文件（图 8-42～图 8-44）。

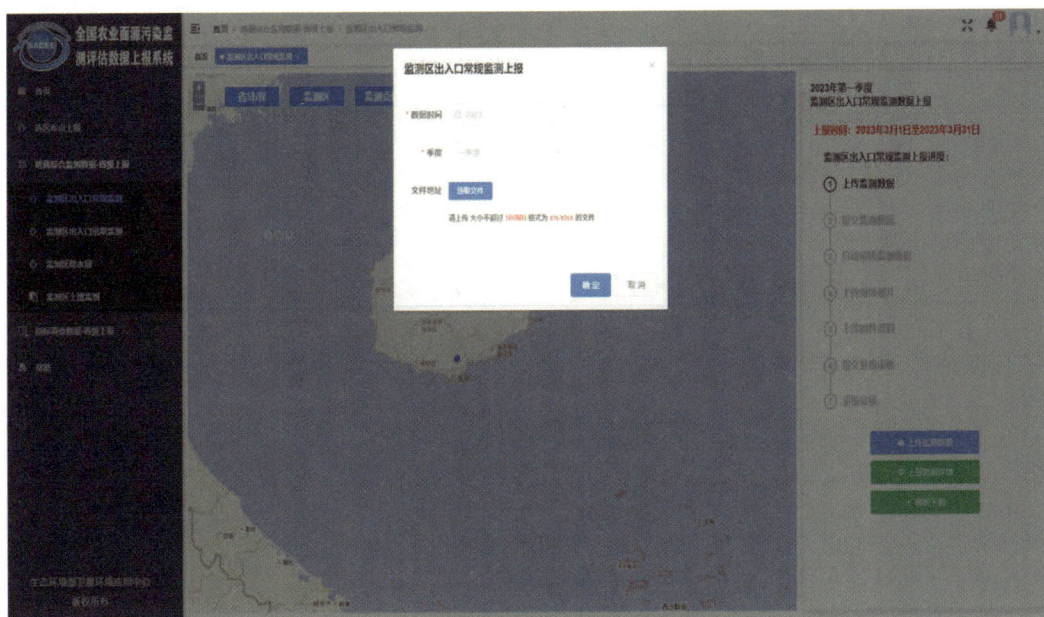

图 8-42 监测区出入口常规监测上报图示一

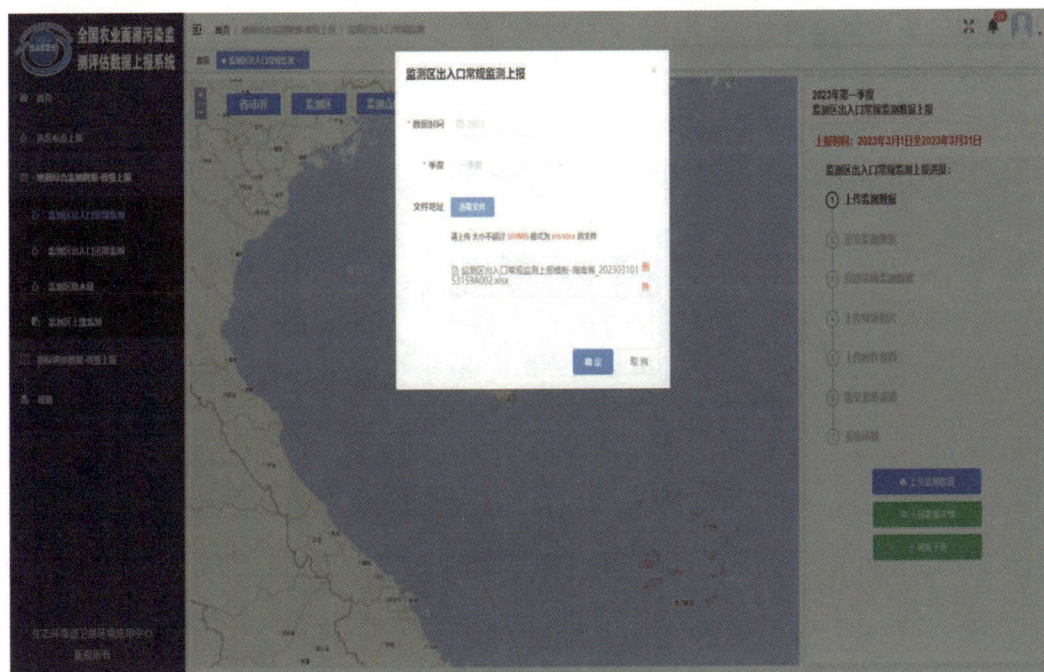

图 8-43 监测区出入口常规监测上报图示二

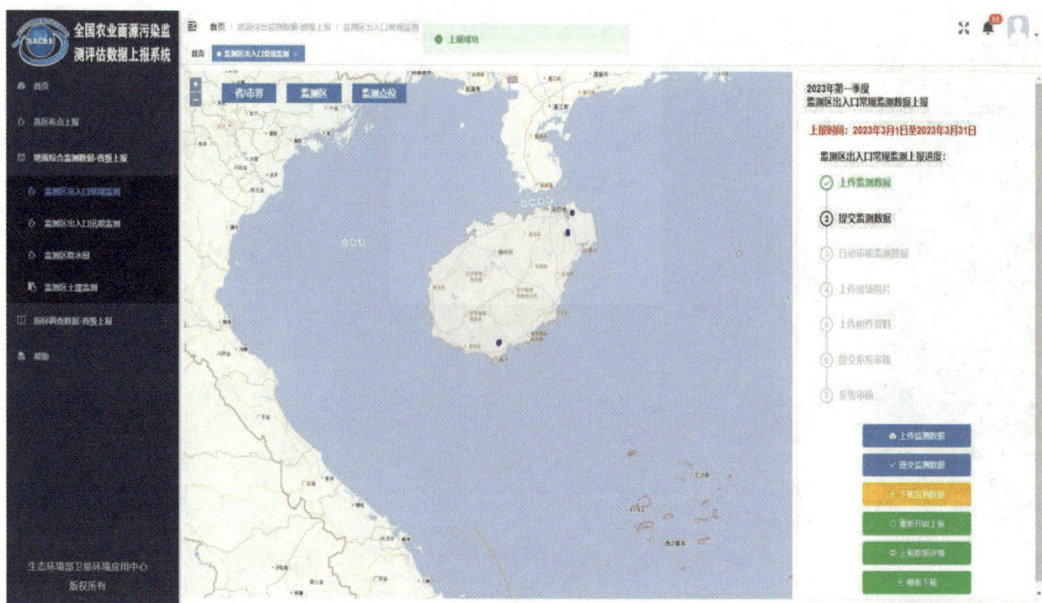

图 8-44　监测区出入口常规监测上报图示三

【步骤 3】提交监测数据

点击"提交监测数据"按钮，系统进入自动审核监测数据流程，对上报数据格式及内容进行校验，并在提交后 5 分钟内给出自动审核反馈信息（图 8-45～图 8-47）。

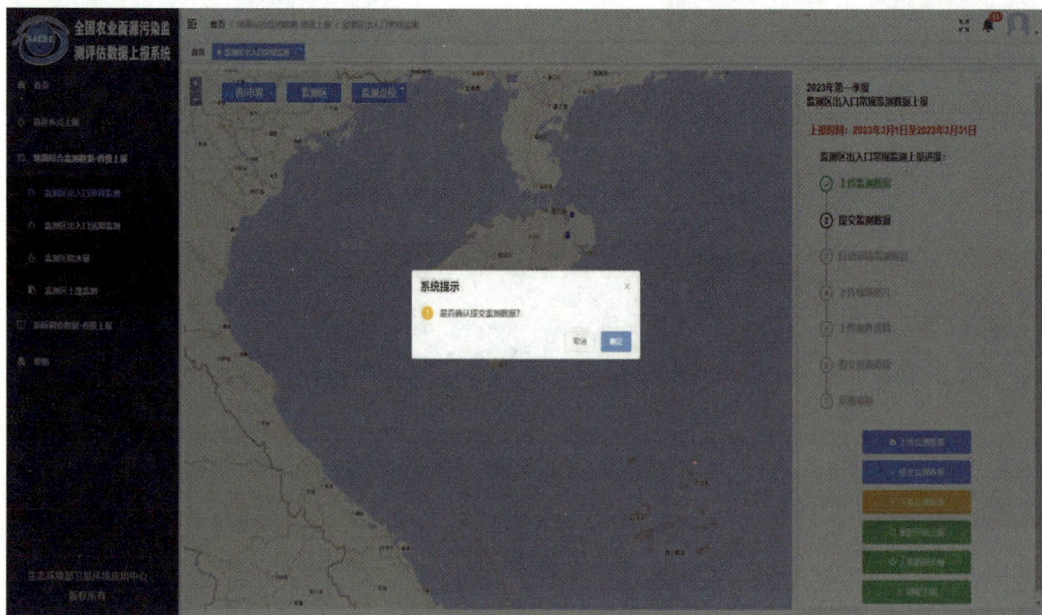

图 8-45　提交监测数据

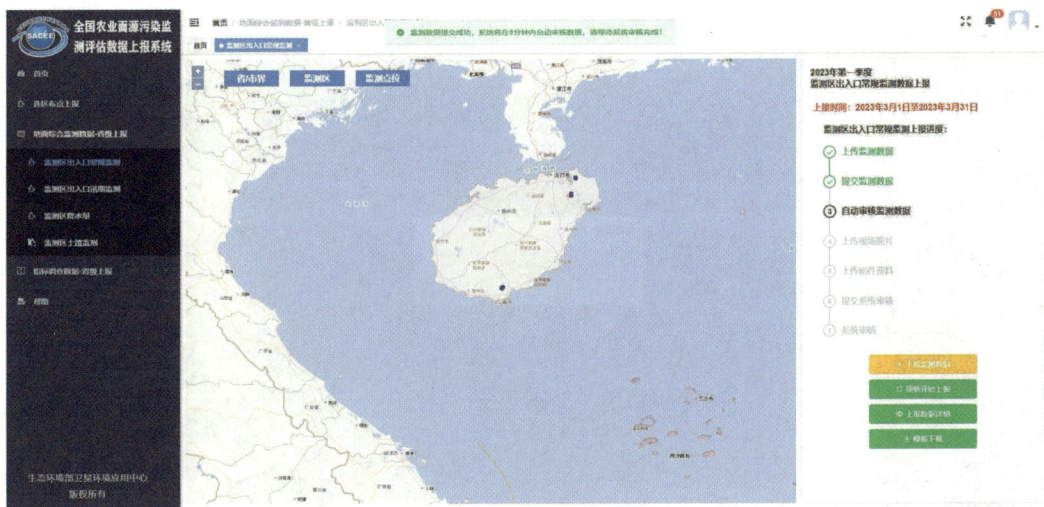

图 8-46 自动审核等待

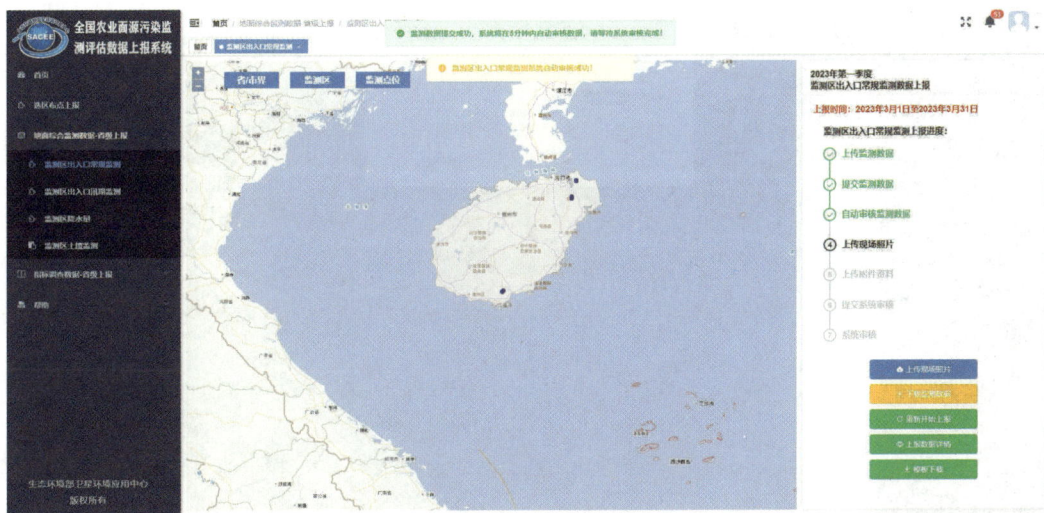

图 8-47 自动审核完成

【步骤 4】上传现场照片

对于上报点位监测数据，除"监测区降水量"模块外，其他均需要上传现场照片；对于 2023 年第一季度的上报数据，允许跳过上传现场照片步骤，但后续季度必须上传现场照片（图 8-48、图 8-49）。

上传现场照片命名规则：点位编号_8 位日期_序号.图片后缀（如 420881_0003_s_01_20230102_01.png），日期必须与上报监测日期关联，不得上报与监测点位无关的照片。

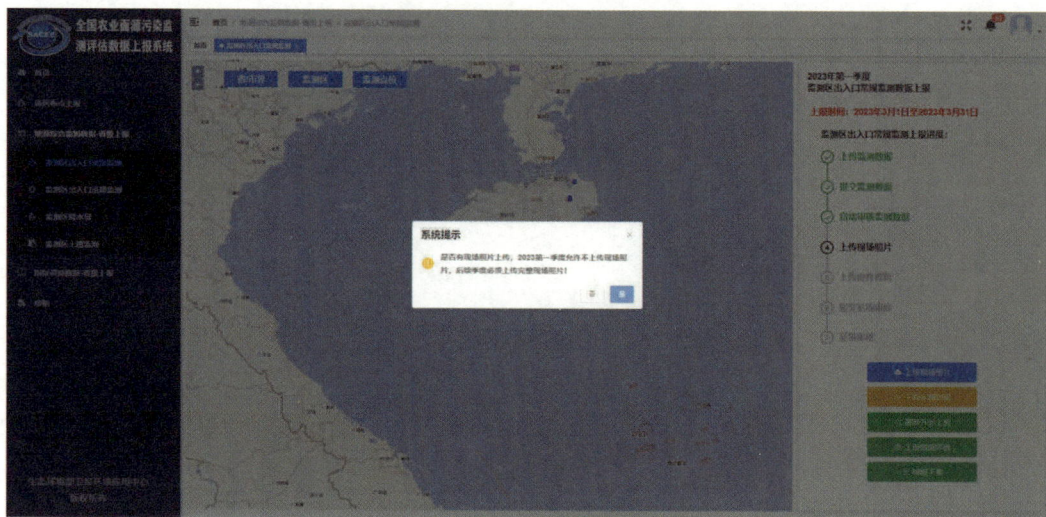

图 8-48　确定现场照片是否上传

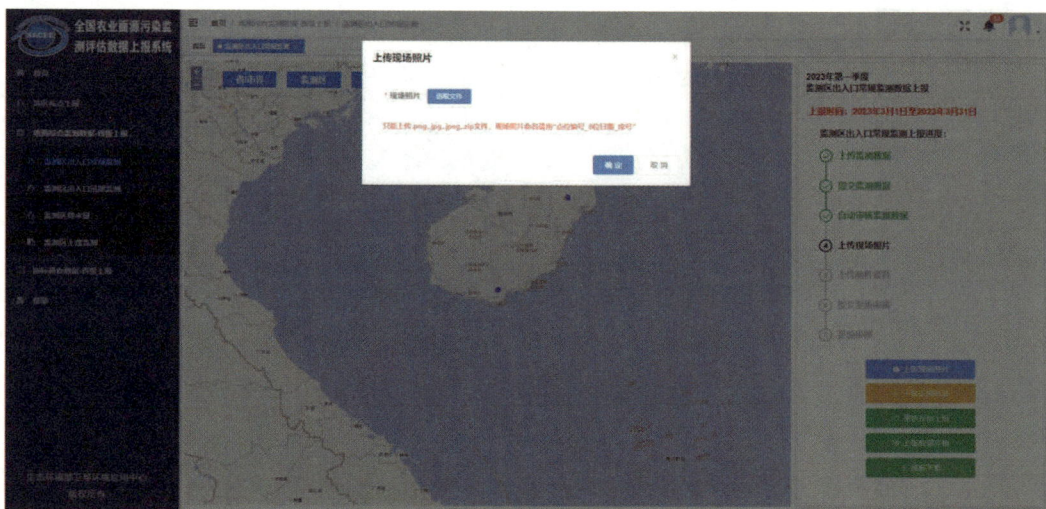

图 8-49　现场照片上传

上传现场照片后点击点位，可看到上报具体点位的照片信息（图 8-50）。

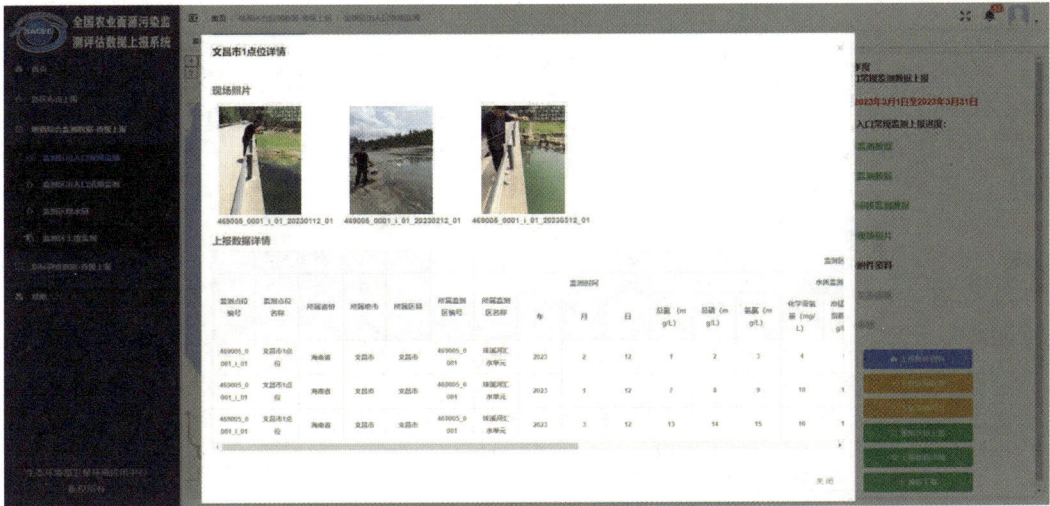

图 8-50　点位信息详情

【步骤5】上传附件资料

只有地面综合监测数据有此流程。

上报数据中出现某个点位监测值都是"-1"时（表示该点位未监测），必须上传"监测情况说明"（图 8-51）。

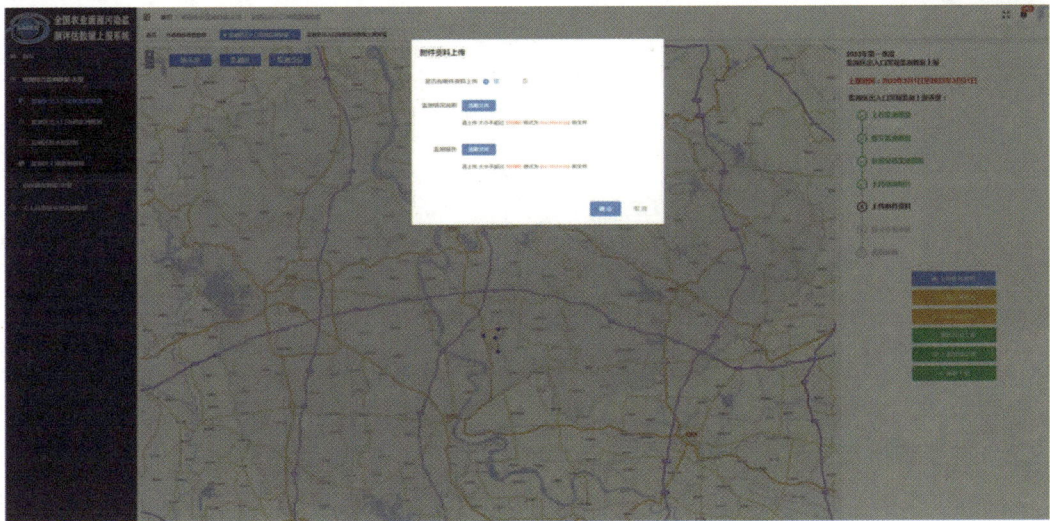

图 8-51　监测情况说明上传

【步骤6】提交系统审核

市级用户提交系统审核后由省级审核数据（图 8-52、图 8-53）。

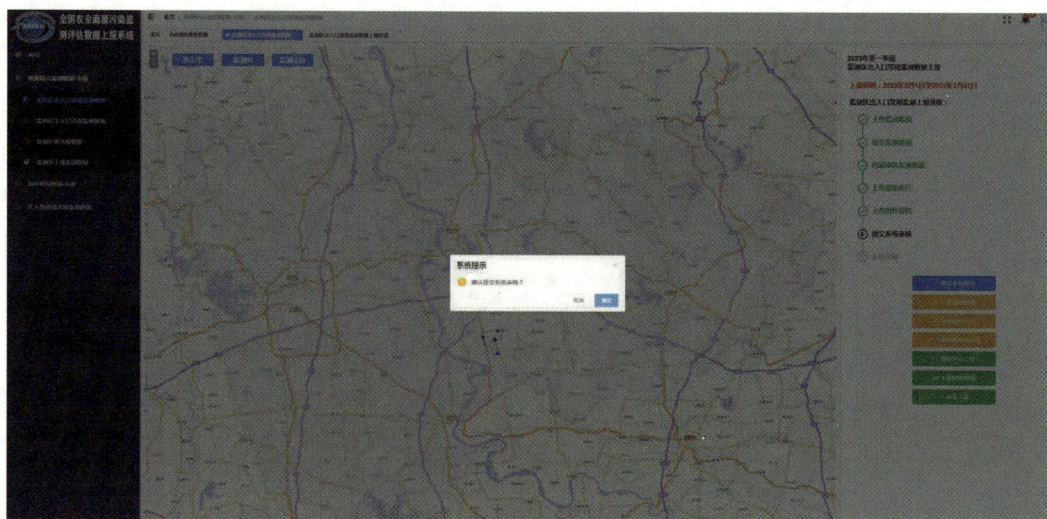

图 8-52 提交审核

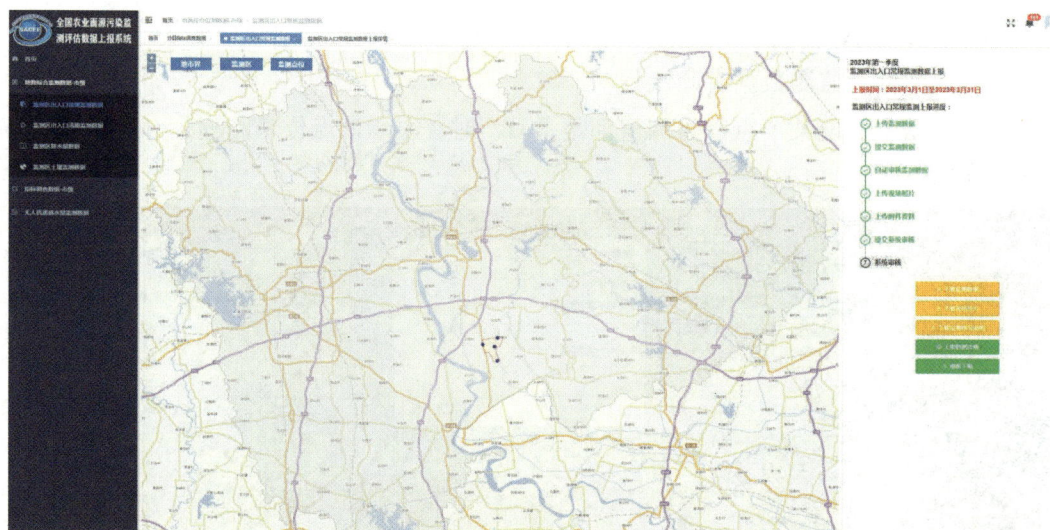

图 8-53 提交完成待省级审核

4.2.2 省级审核及上报操作演示

在首页选中"季度数据上报",选择好上报的季度,如图 8-54 所示。这样所有季度上报界面的数据时间将设置成当前选择时间。

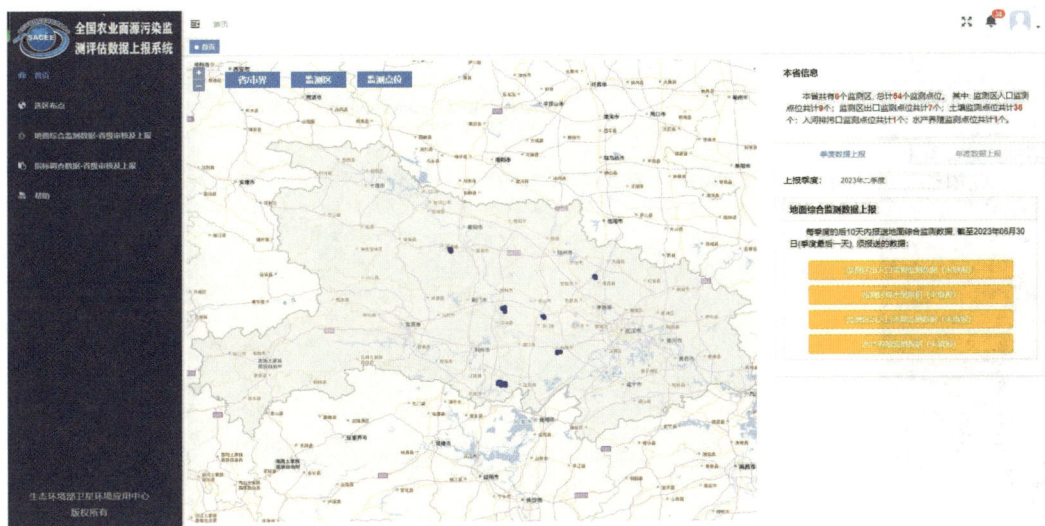

图 8-54　首页

数据上报入口可以通过首页各业务按钮直接进入，也可通过左边菜单入口进入。

对于"监测区出入口汛期监测数据"，点击"是"进入如下界面：如果本季度无汛期数据，选择"否"，本季度将不需要上报数据；选择"是"将跳转数据上报界面（图 8-55）。

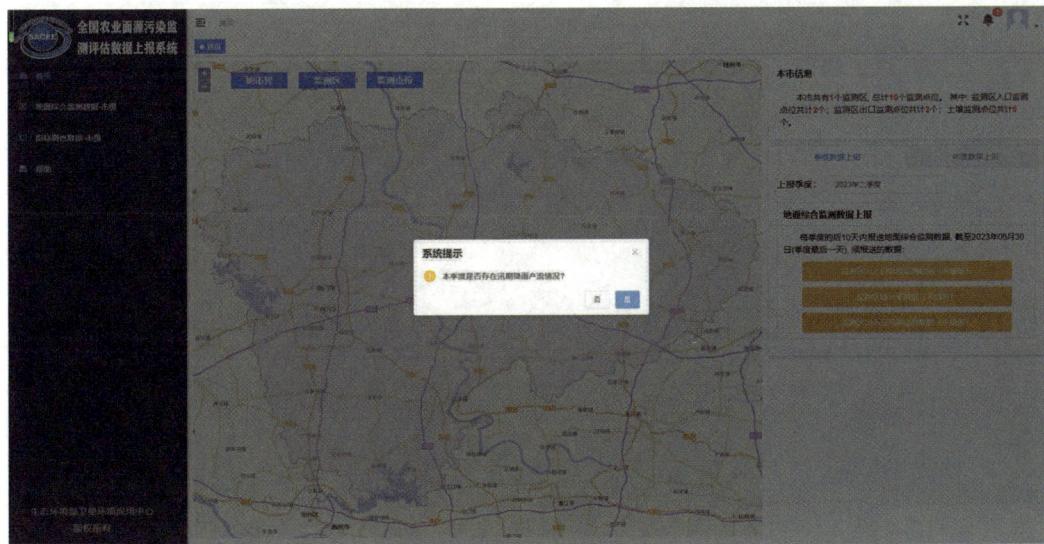

图 8-55　情况确认

【示例——监测区出入口常规监测模块说明】

首先在上报首页选择好上报季度，然后点击"监测区出入口常规监测"，进入如图 8-56所示的界面。

图 8-56　常规监测数据上报情况列表

　　有上报记录的每行操作包含功能："审核""上报批次""数据明细""下载数据""下载现场照片""下载监测情况说明""下载监测报告""修改审核结果"。

　　(1) 审核：反馈给市级上报数据是否通过（图 8-57）。

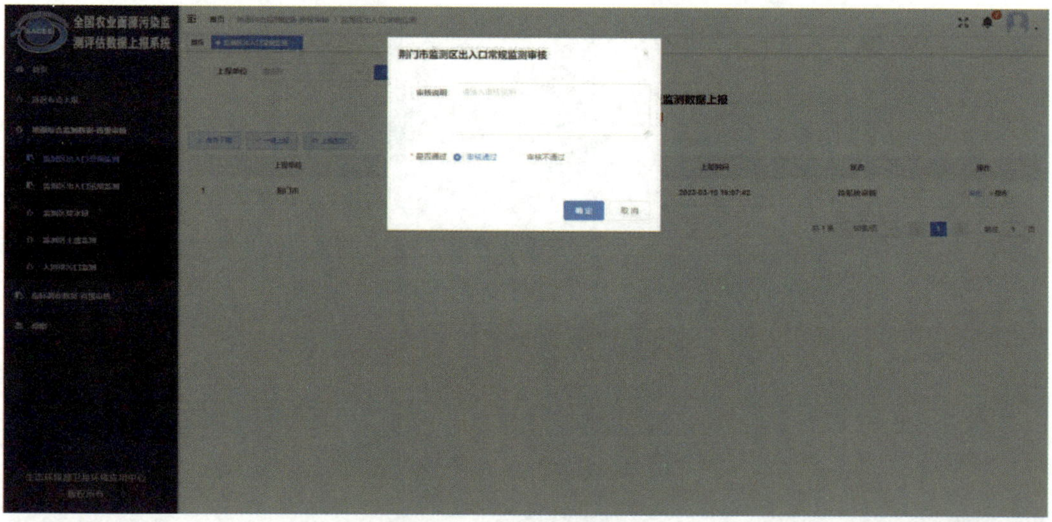

图 8-57　常规监测审核

　　(2) 上报批次：可查看上报批次数据，点击后进入如图 8-58 所示的界面。

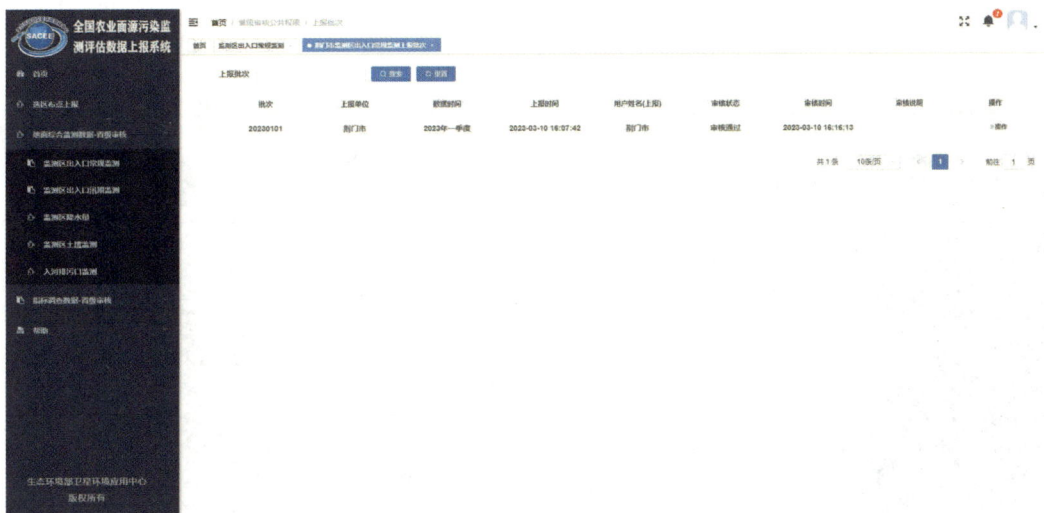

图 8-58 上报批次数据列表

（3）数据明细：线上查看上报数据，点击后进入如图 8-59 所示的界面。

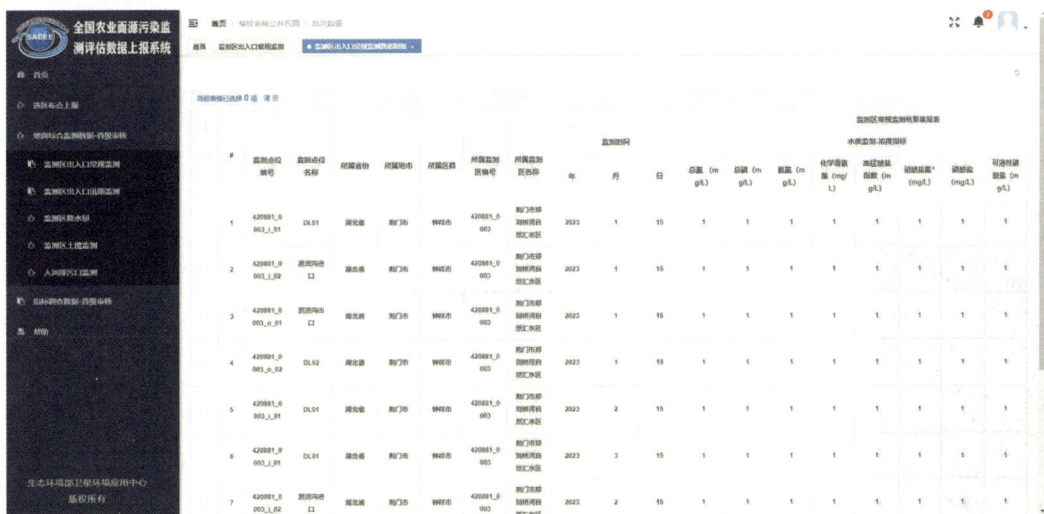

图 8-59 上报批次数据明细

（4）下载数据：下载市级上报的数据。

（5）下载现场照片：下载市级上报的现场照片，如果没有上传将不会有此按钮。

（6）下载监测情况说明：下载市级上报的监测情况说明，如果没有上传将不会有此按钮。

（7）下载监测报告：下载市级上报的监测报告，如果没有上传将不会有此按钮。

列表上部功能包括"合并下载""一键上报""上报批次"。

（1）合并下载：当前省份下属市数据都处于"审核通过""不上报"时，可使用合并下载功能。可合并下载所有下级上报的数据、现场照片、监测情况说明和监测报告。点击后界面如图 8-60 所示。

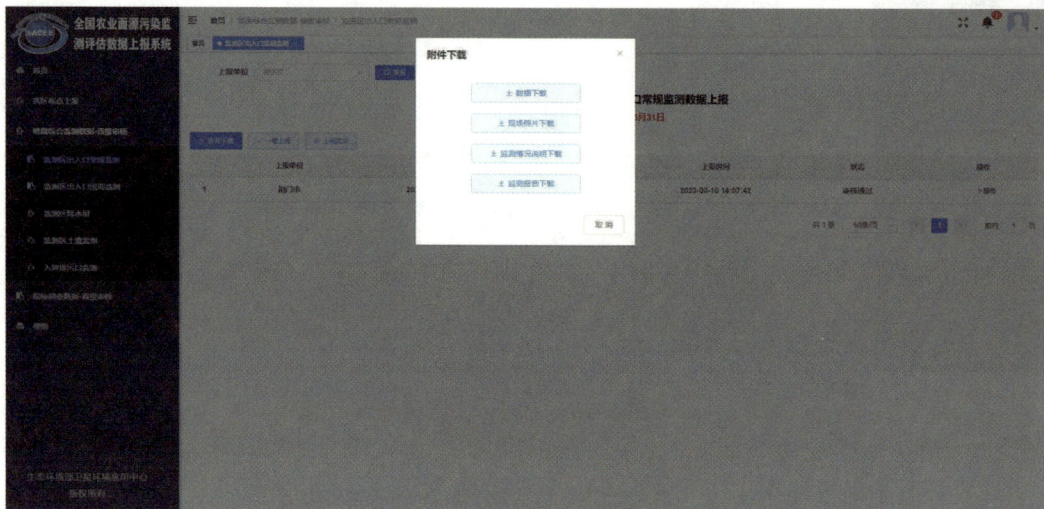

图 8-60　附件下载表

（2）一键上报：当前省份下属市数据都处于"审核通过"/"不上报"时，可使用一键上报功能。此功能会将下级数据汇总后上报国家审核，上报成功后界面如图 8-61 所示。

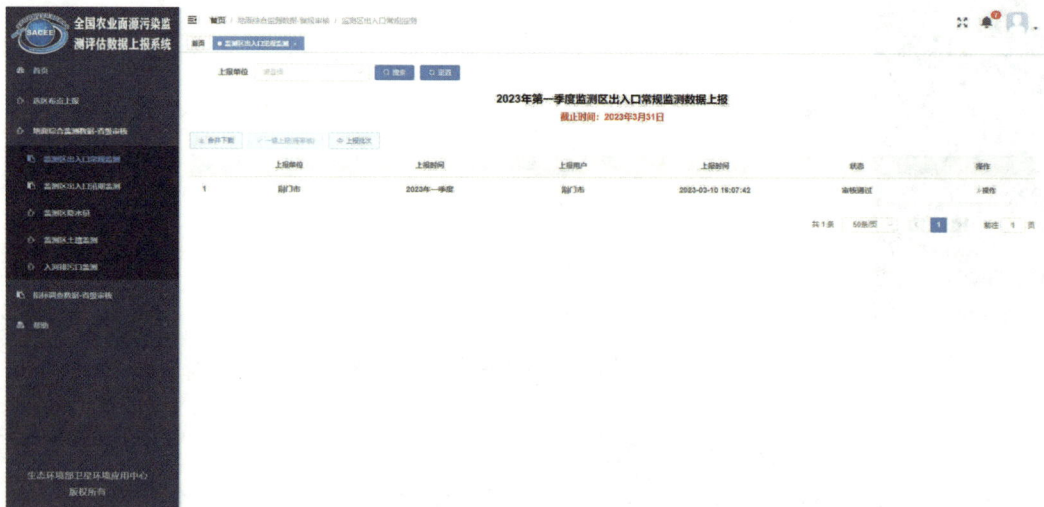

图 8-61　上报完成列表页

（3）上报批次：可查看上报给国家的批次数据，点击后界面如图 8-62 所示。

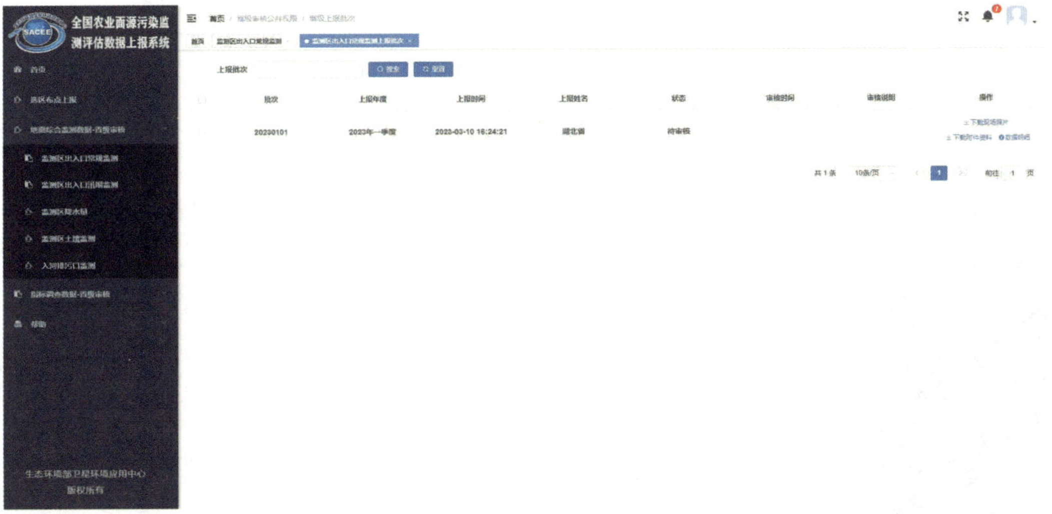

图 8-62　批次数据列表

4.3　自动审核错误提示说明

4.3.1　上传监测点位与下载模板中的点位数量不相等

若提交的监测区压缩文件中包含的监测区个数与模板数量不相等，第三步"自动审核监测区"步骤的字体会变红，此外，可以通过查看右上角的弹窗信息，消息会显示"上传监测点位与下载模板中的点位数量不相等"，错误内容提示界面如图 8-63 所示。

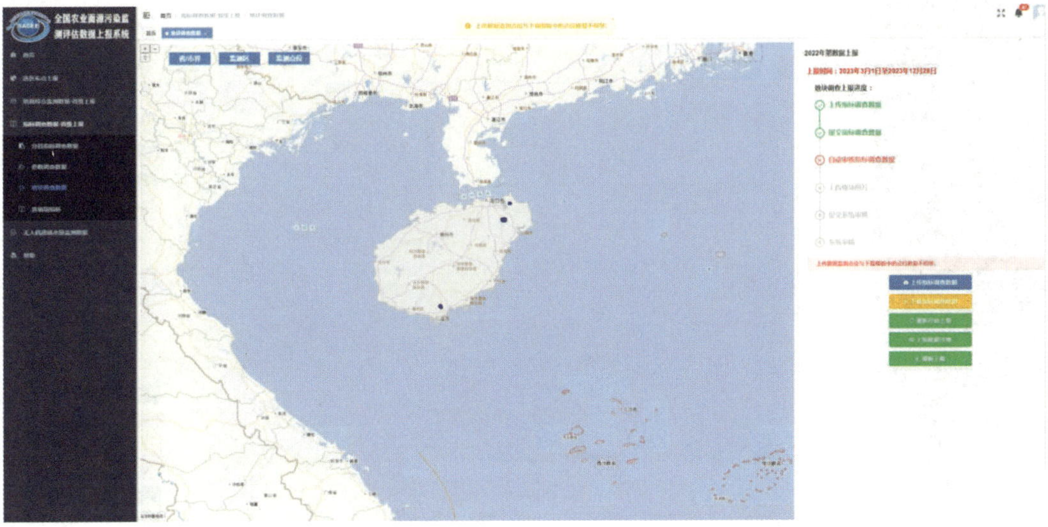

图 8-63　上传监测点位与下载模板中的点位数量不相等

4.3.2　点位缺失数据

　　模板中存在的点位记录必须要求全部上传，如缺少必须点位时，提交自动审核将被自动退回，错误内容提示界面如图 8-64 所示。

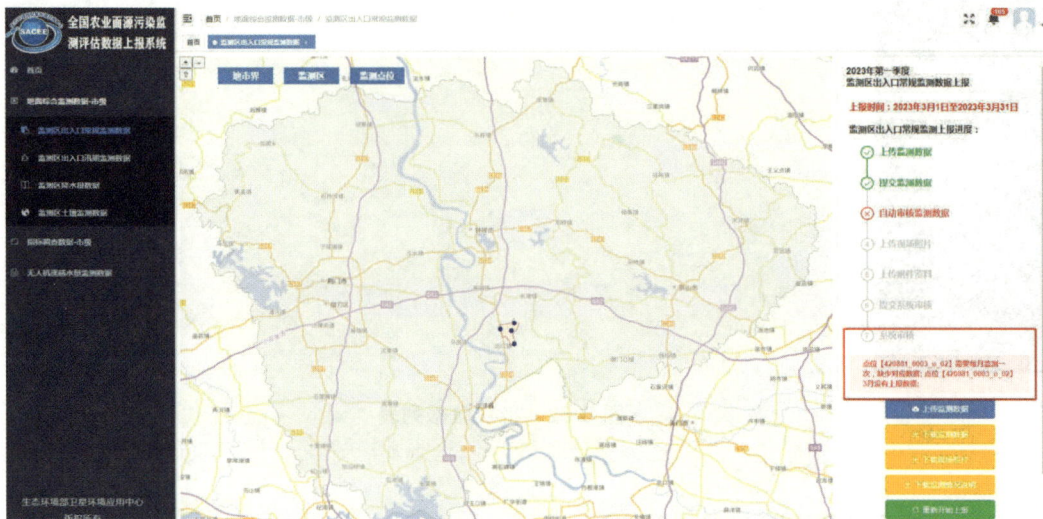

图 8-64　缺少点位数据

4.3.3　监测日期格式错误

　　自动审核会对提交的点位监测日期字段进行逐一校验，如出现 2 月 30 日、13 月 1 日等错误日期时，系统将自动审核不通过，错误内容提示界面如图 8-65 所示。

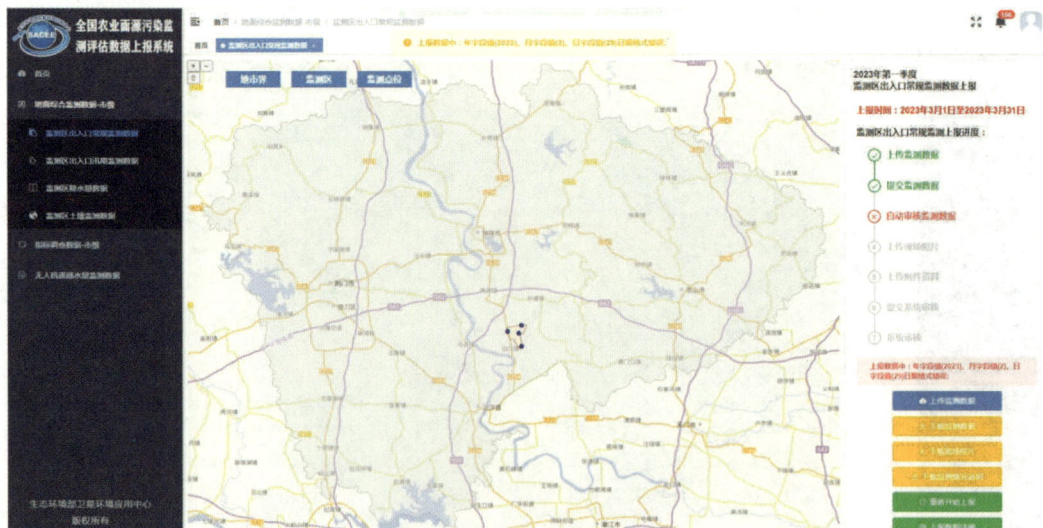

图 8-65　日期字段格式错误

5　指标调查数据上报

针对指标调查数据上报功能，系统提供了由省级监测单位统一上报国家（"省—国家"上报模式）和地市监测单位上报省级监测单位，由省级负责审核地市上报数据质量并最终汇总全省数据统一上报国家（"地市—省—国家"上报模式）。

下面以地块调查数据上报为例，演示"省—国家"上报流程，以分县指标调查数据上报为例，演示"地市—省—国家"上报流程。

5.1　"省—国家"上报流程演示

【步骤 1】进入上报界面

首先在首页切换到年度数据上报，如图 8-66 所示。

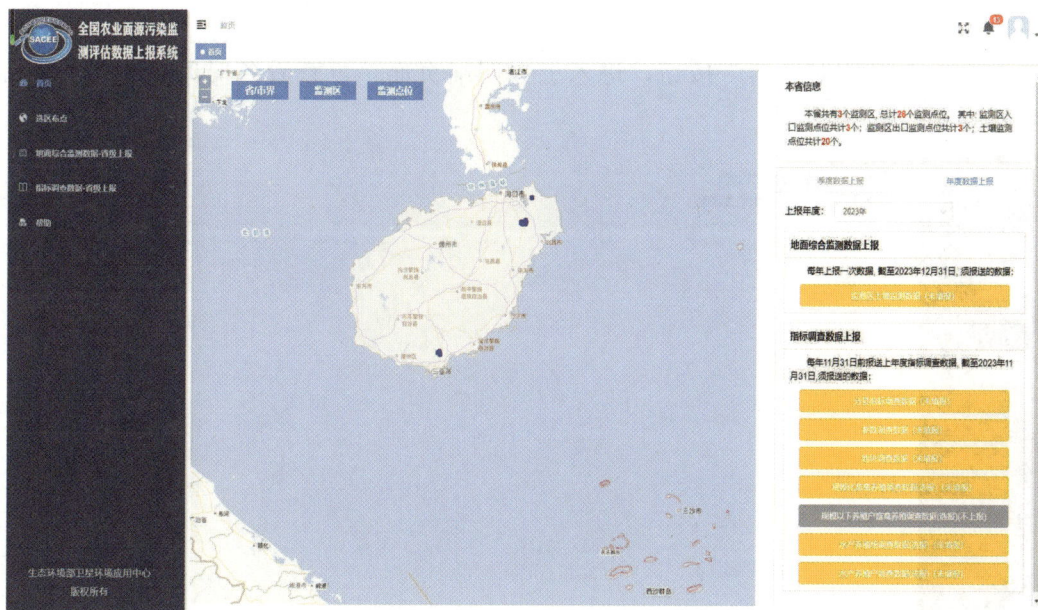

图 8-66　首页

在首页选择好上报年度，然后点击"地块调查数据"，进入如图 8-67 所示的界面。

图 8-67   地块调查数据

点击"上报数据详情"按钮，进入上报明细页面，可查看各时间上报数据记录（图 8-68）。

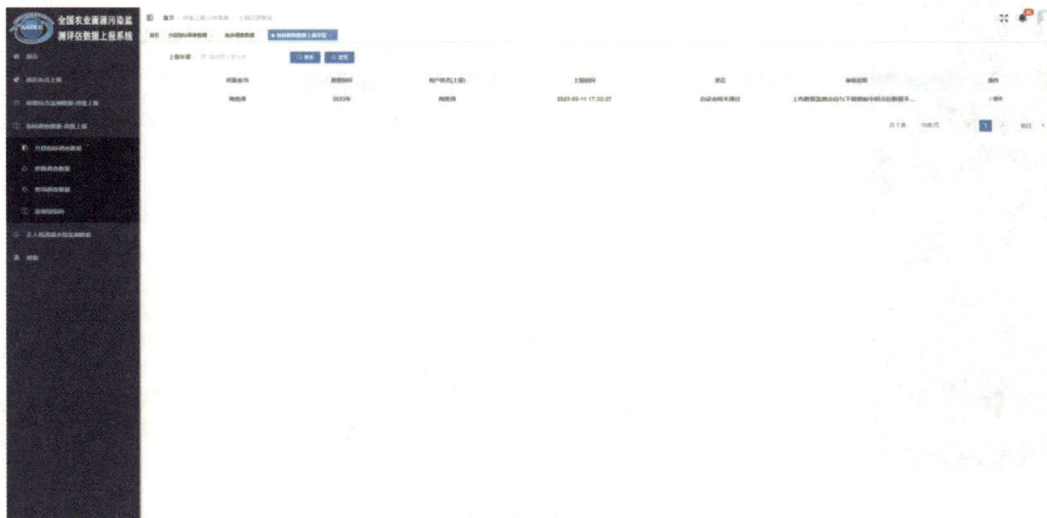

图 8-68   上报数据详情

【步骤 2】上报监测数据

点击"模板下载"按钮，下载地块调查上报模板-××省.xlsx，填入数据后，点击"上传监测数据"按钮，上传 Excel（.xlsx）数据文件（图 8-69）。

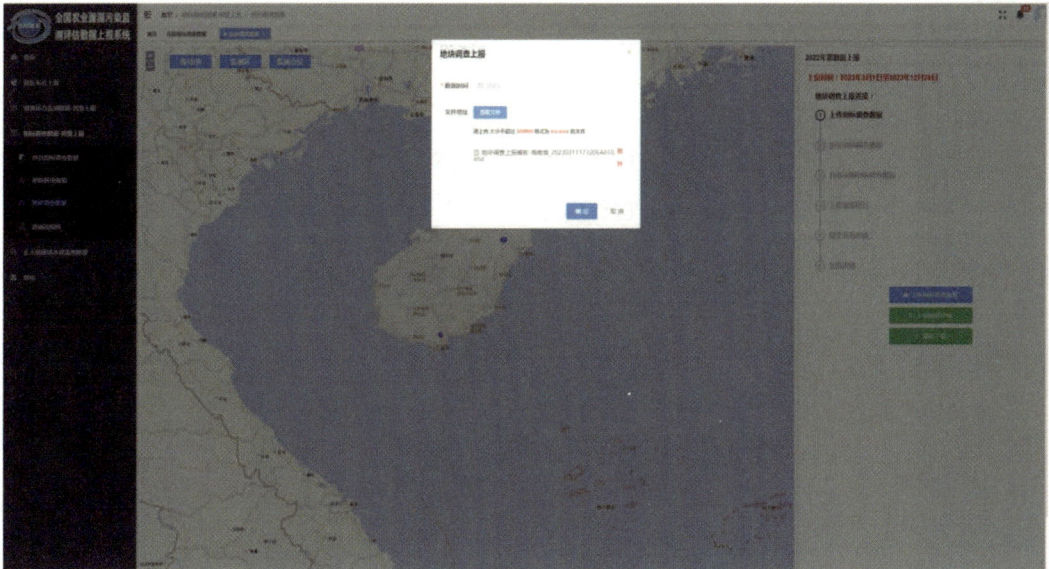

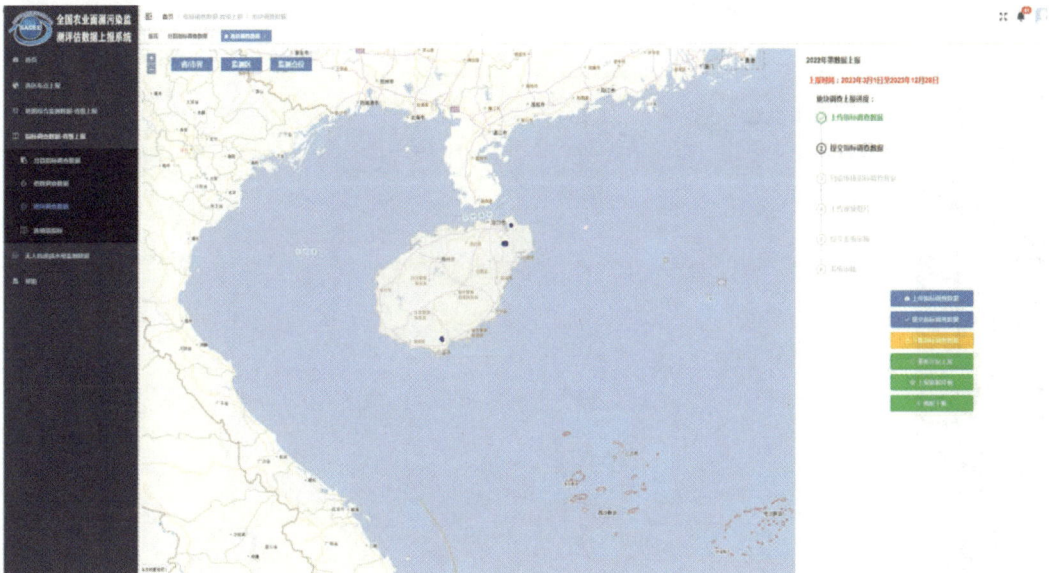

图 8-69　地块调查数据上报

【步骤 3】提交指标调查数据

　　点击"提交指标调查数据"按钮，系统会进入自动审核监测数据流程，将会对上报数据格式及内容进行校验，并在提交后 5 分钟之内给出反馈信息（图 8-70～图 8-72）。

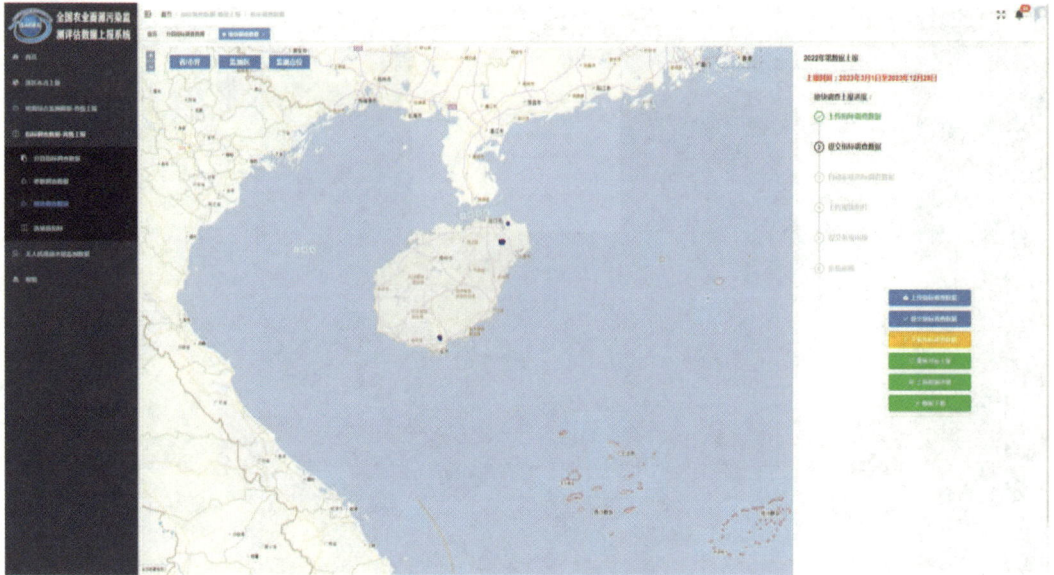

图 8-70　提交指标调查数据

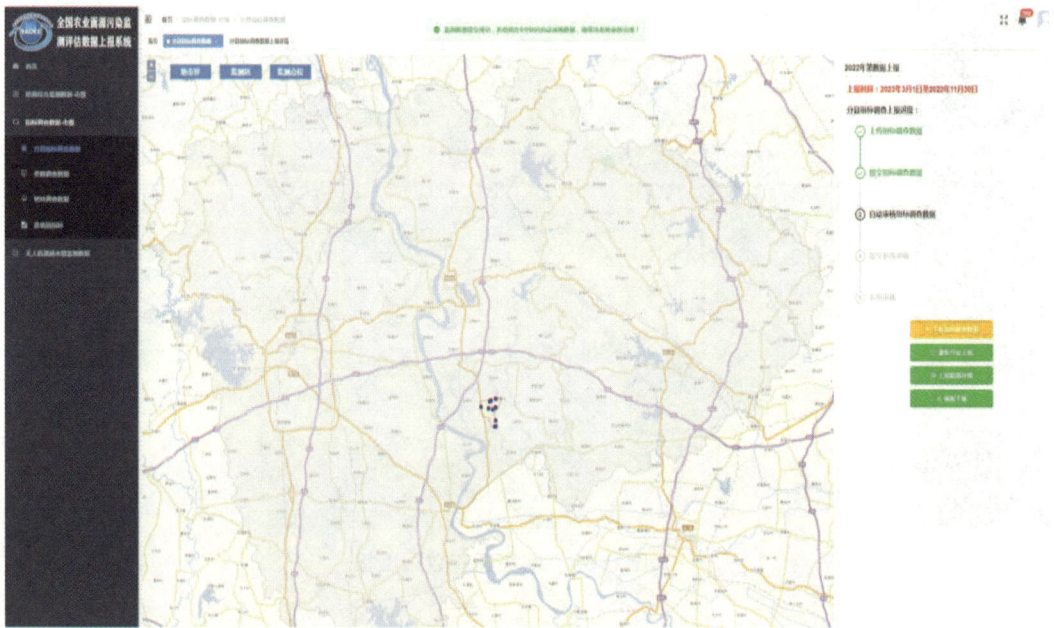

图 8-71　等待自动审核

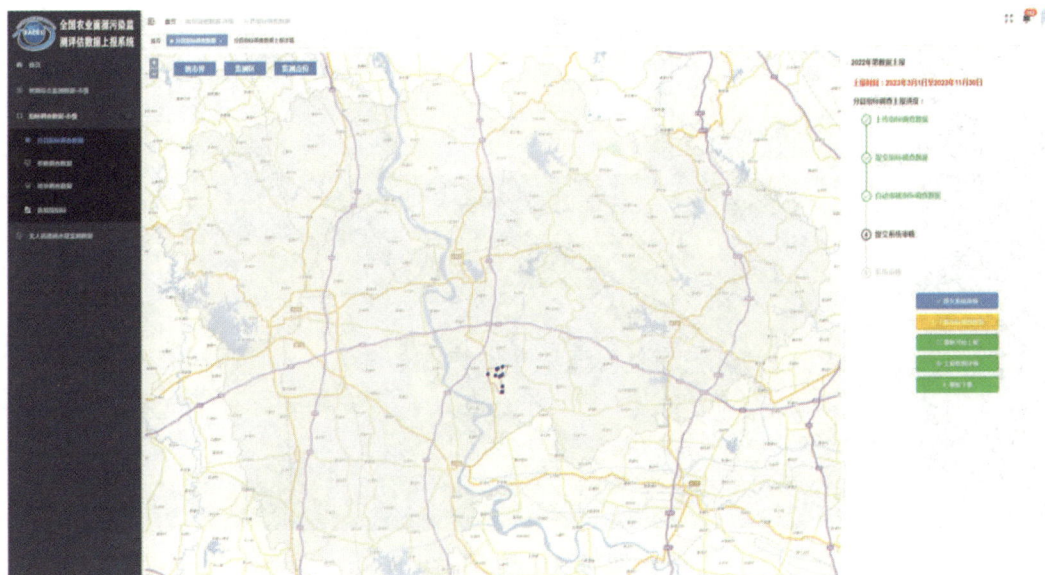

图 8-72　自动审核完成

【步骤 4】上传现场照片

对于地块调查数据，需要上传现场照片，其他调查数据上报不需要上传；对于 2023 年第一季度的上报数据，允许跳过上传现场照片步骤，但后续季度必须上传现场照片（图 8-73、图 8-74）。

上传现场照片命名规则：点位编号_8 位日期_序号.图片后缀（如 420881_0003_s_01_20230102_01.png），日期必须与上报监测日期关联，不得上报与监测点位无关的照片。

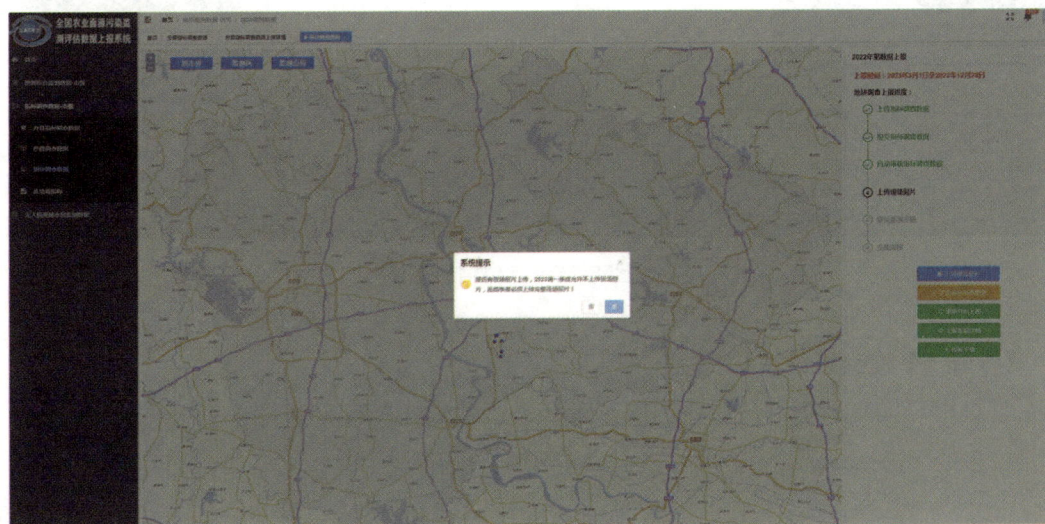

图 8-73　确定现场照片是否上传

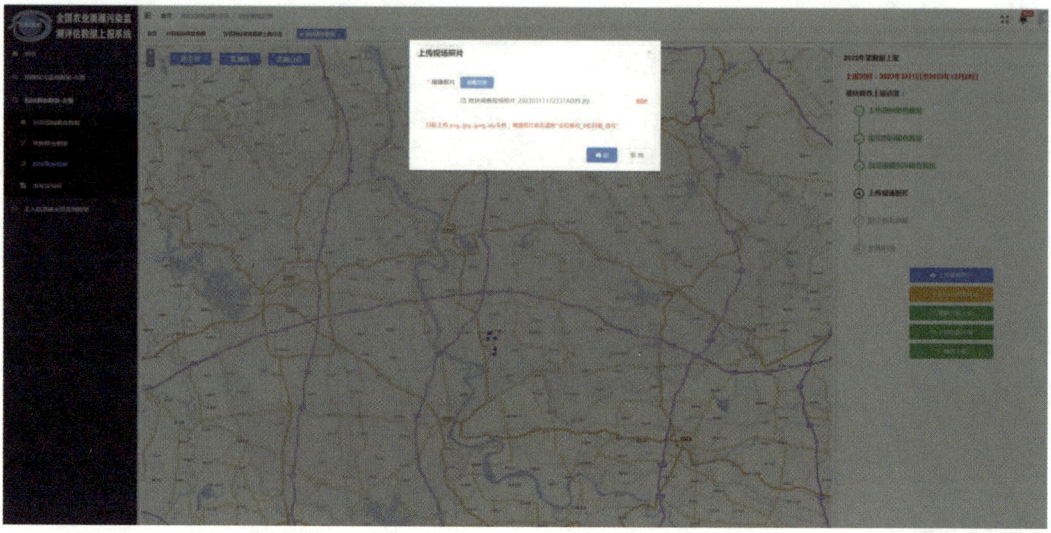

图 8-74　现场照片上传

上传现场照片后点击点位，可看到上报具体点位的照片信息（图 8-75）。

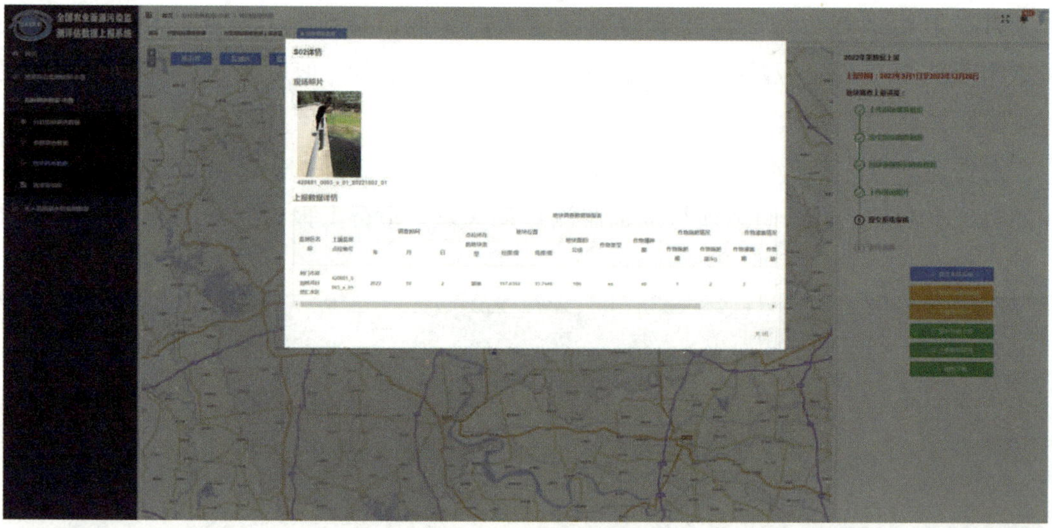

图 8-75　点位信息详情

【步骤 5】提交系统审核

省级用户提交系统审核后将由国家审核省级数据（图 8-76、图 8-77）。

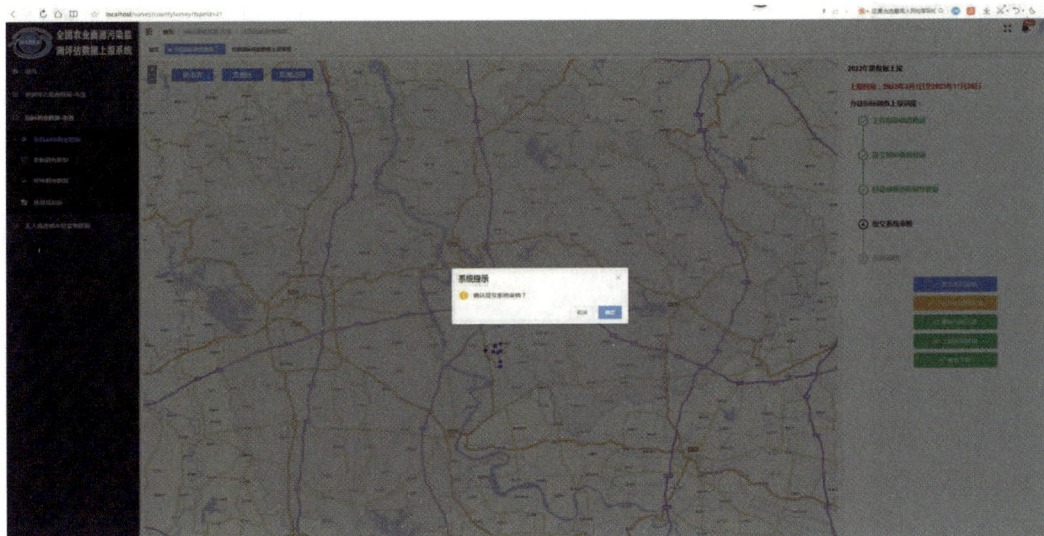

图 8-76　提交审核

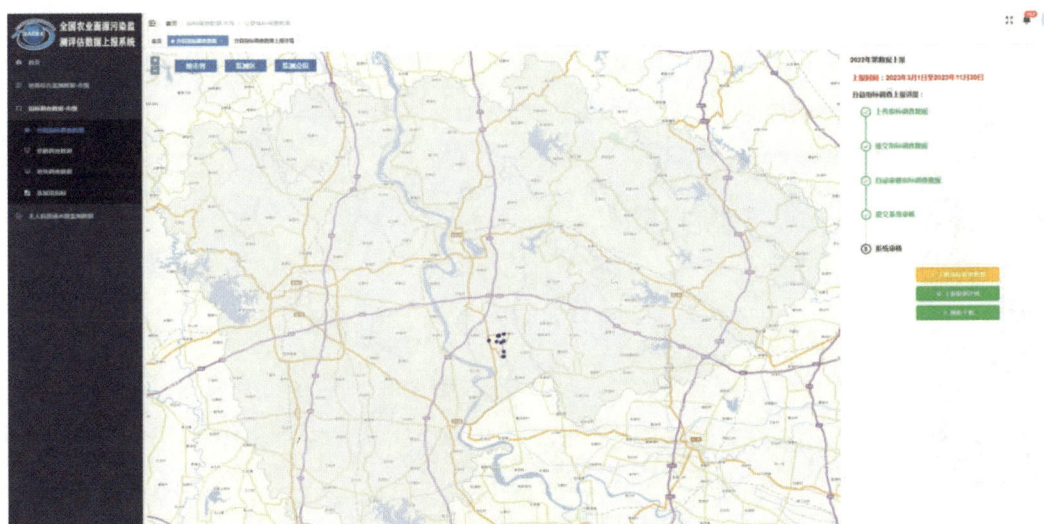

图 8-77　提交完成待审核

5.2　"地市—省—国家"上报流程演示

5.2.1　地市上报操作演示

【步骤 1】进入上报界面

首先在首页中切换年度数据上报，如图 8-78 所示。

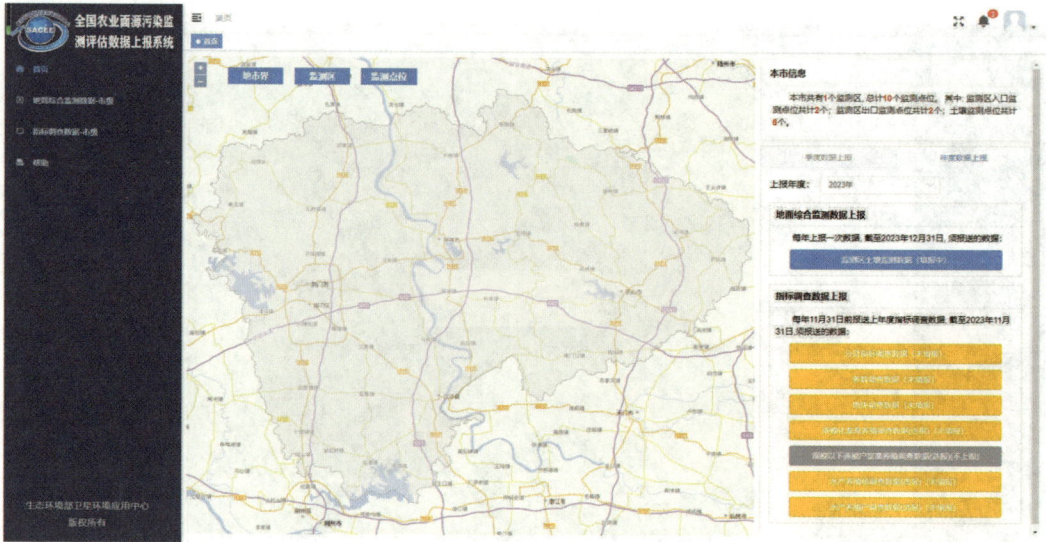

图 8-78　首页

选择上报年度，然后点击"分县指标调查数据"，进入如图 8-79 所示的界面。

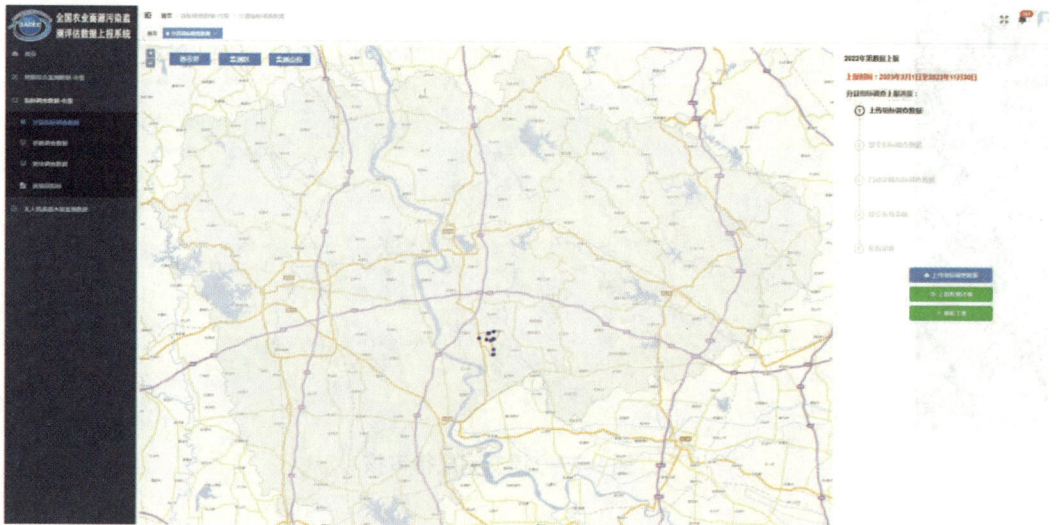

图 8-79　分县指标调查数据

点击"上报数据详情"按钮，进入上报明细页面，可查看各上报数据记录（图 8-80）。

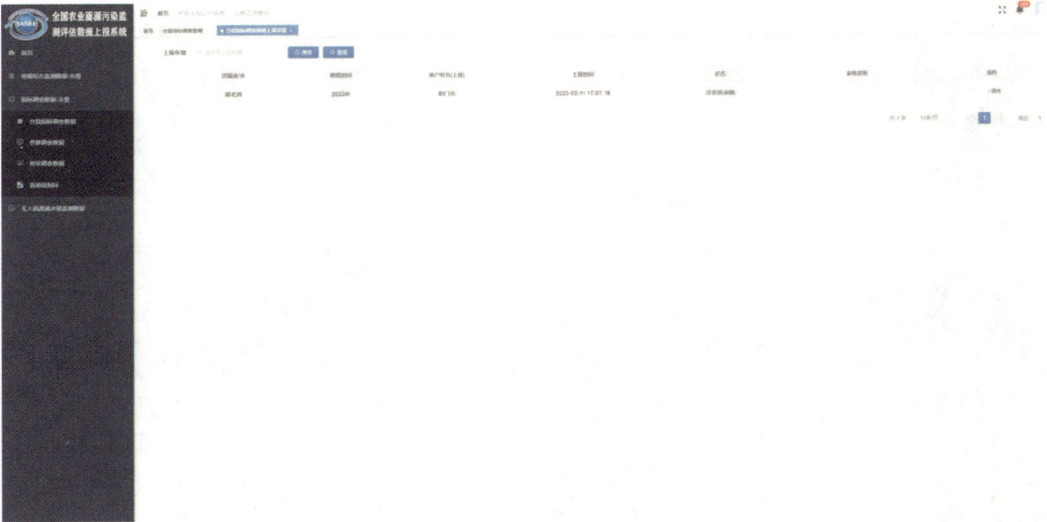

图 8-80 上报数据详情

【步骤 2】上报监测数据

点击"模板下载"按钮，下载分县指标调查上报模板-××市.xlsx，填入数据后，点击"上传监测数据"按钮，上传 Excel（.xlsx）数据文件（图 8-81）。

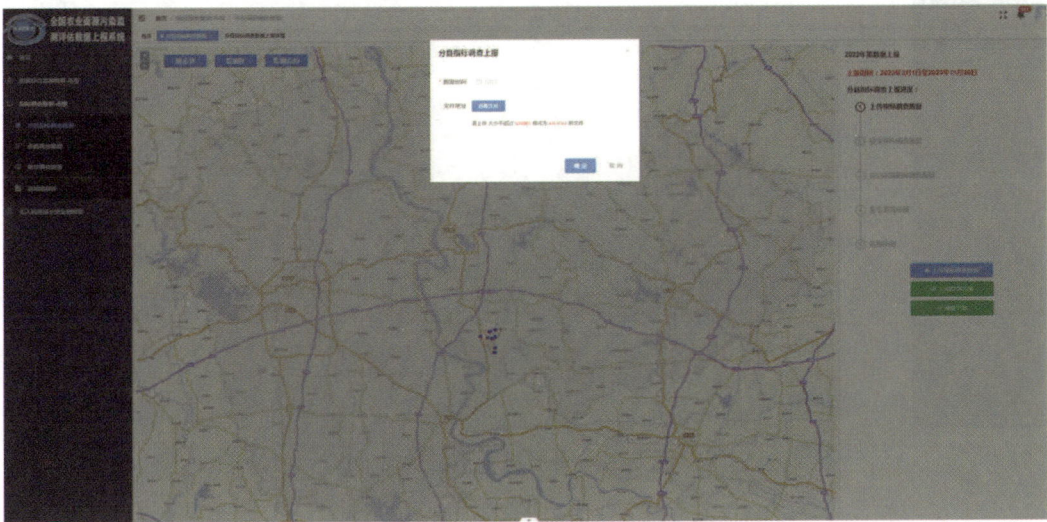

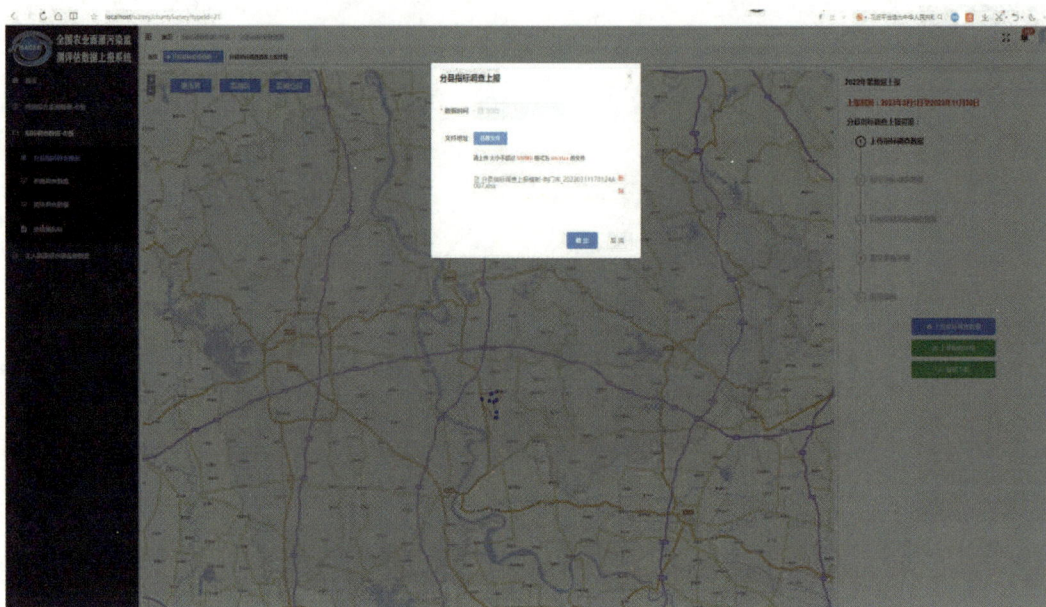

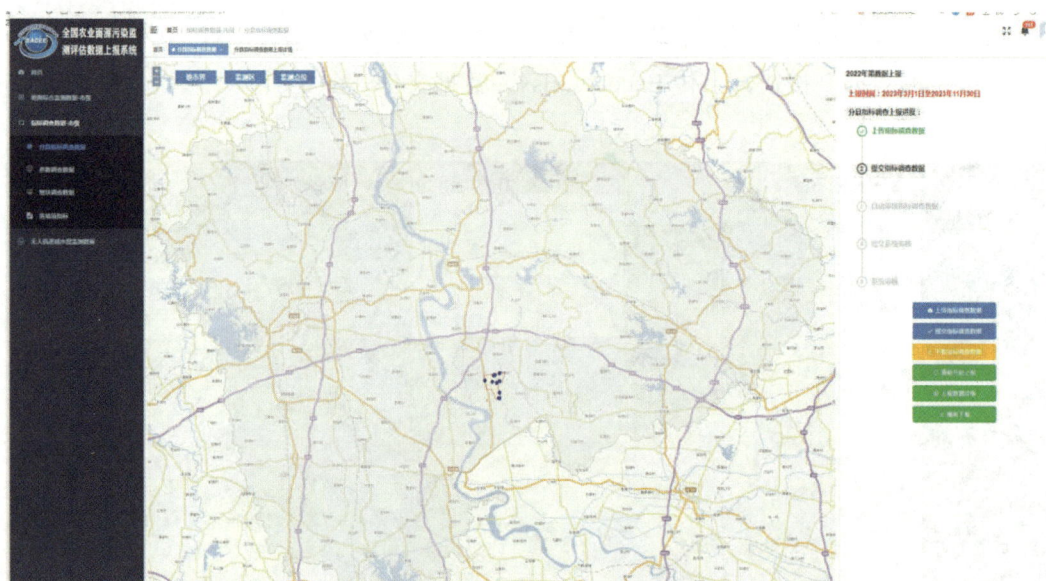

图 8-81   分县指标调查数据上报

【步骤 3】提交指标调查数据

点击"提交指标调查数据",系统会进入自动审核监测数据流程,将会对上报数据格式及内容进行校验,并在提交后 5 分钟之内给出反馈信息(图 8-82～图 8-84)。

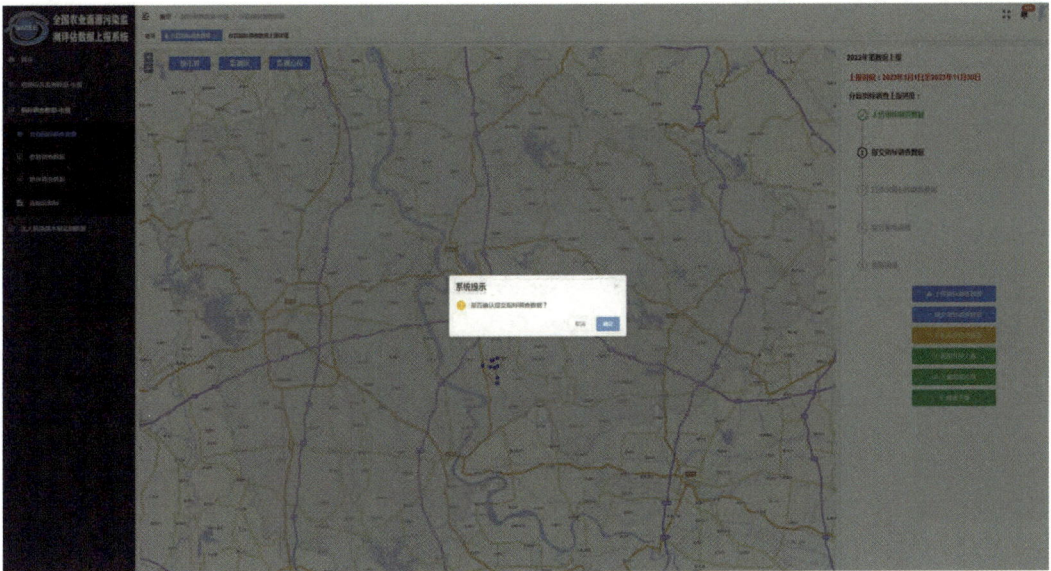

图 8-82　提交指标调查数据

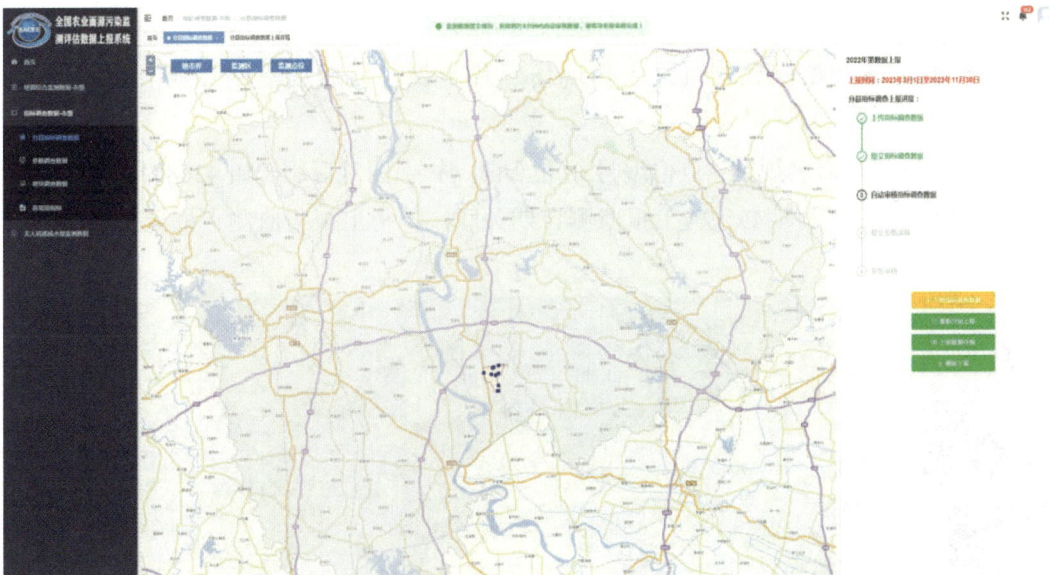

图 8-83　等待自动审核

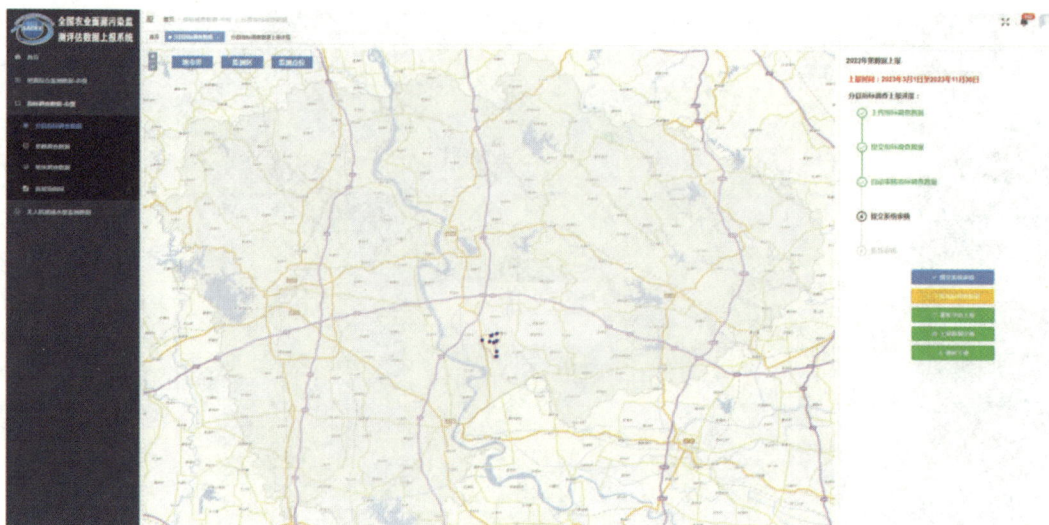

图 8-84　自动审核完成

【步骤 4】上传现场照片

对于地块调查数据，需要上传现场照片，其他调查数据上报不需要上传；对于 2023 年第一季度的上报数据，允许跳过上传现场照片步骤，但后续季度必须上传现场照片（图 8-85、图 8-86）。

上传现场照片命名规则：点位编号_8 位日期_序号.图片后缀（如 420881_0003_s_01_20230102_01.png），日期必须与上报监测日期关联，不得上报与监测点位无关的照片。

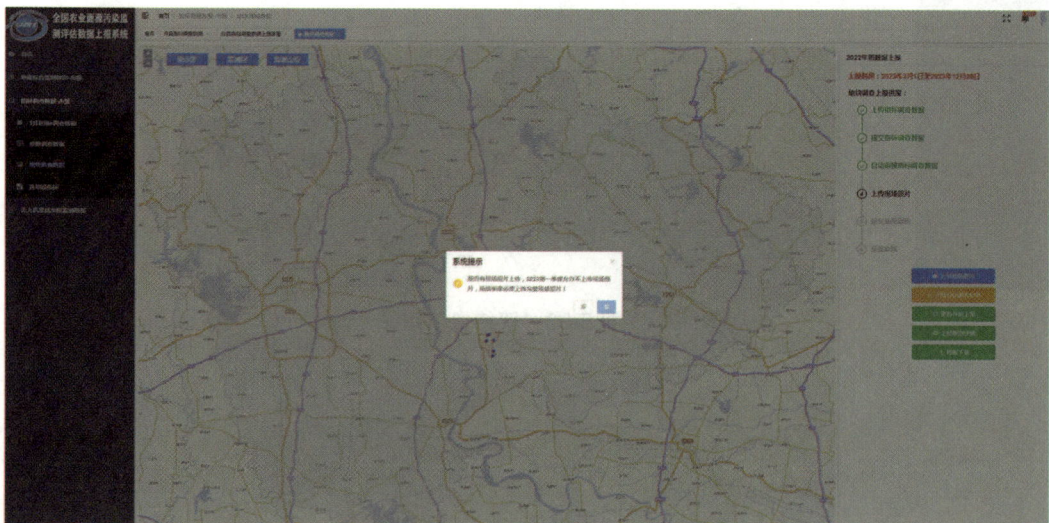

图 8-85　确定现场照片是否上传

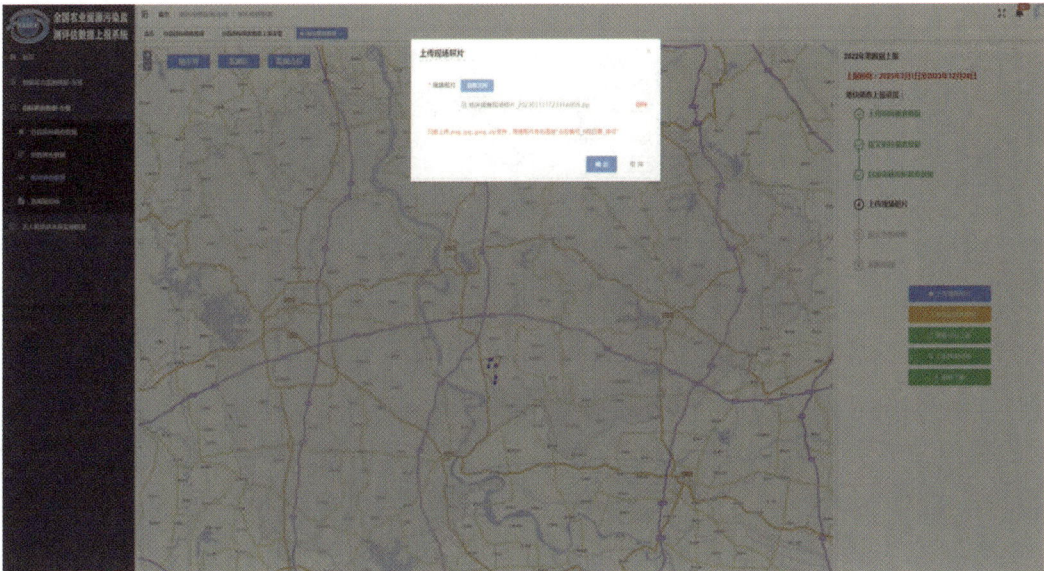

图 8-86　现场照片上传

上传现场照片后点击点位，可看到上报具体点位的照片信息（图 8-87）。

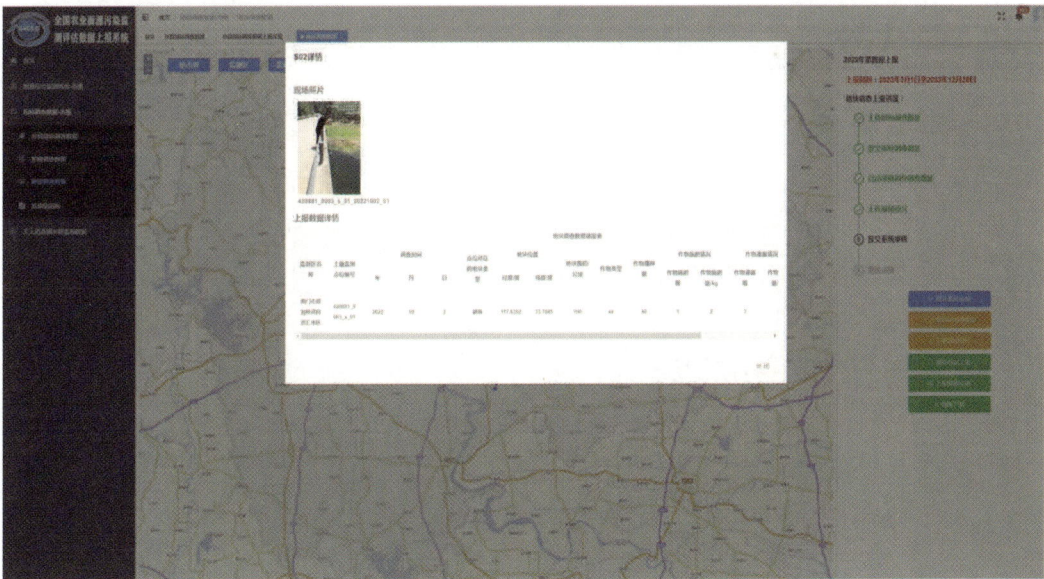

图 8-87　点位信息详情

【步骤5】提交系统审核

省级用户提交系统审核后将由国家审核省级数据（图 8-88、图 8-89）。

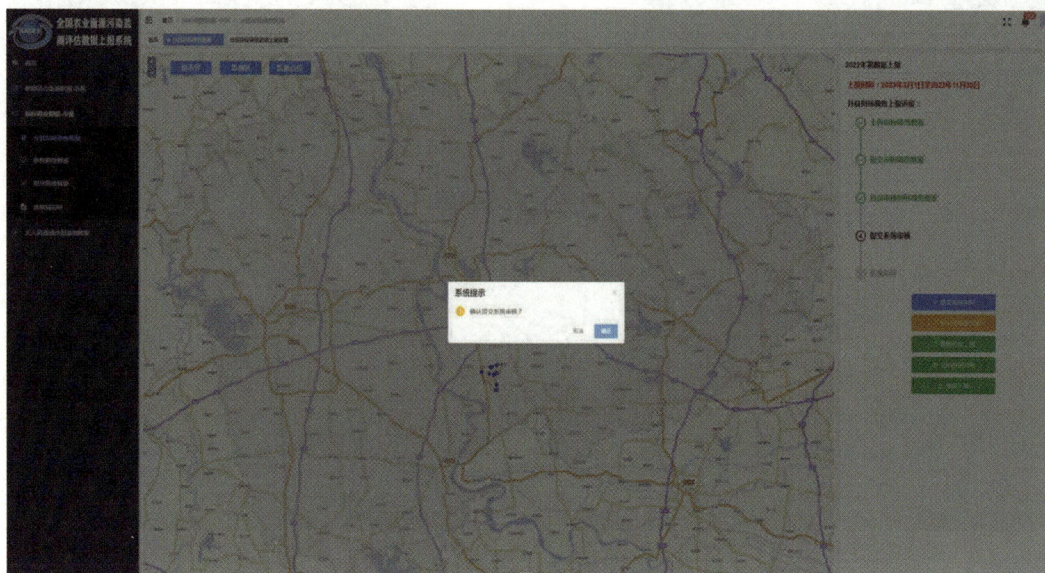

图 8-88　提交审核

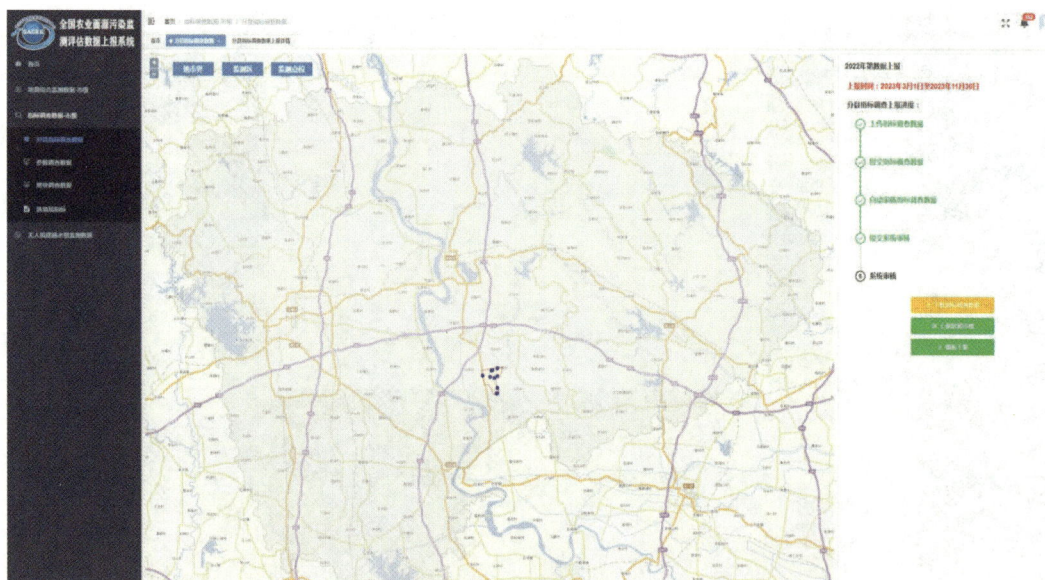

图 8-89　提交完成待审核

5.2.2　省级审核及上报操作演示

在首页中切换到"年度数据上报"页，选择上报年度，如图 8-90 所示。

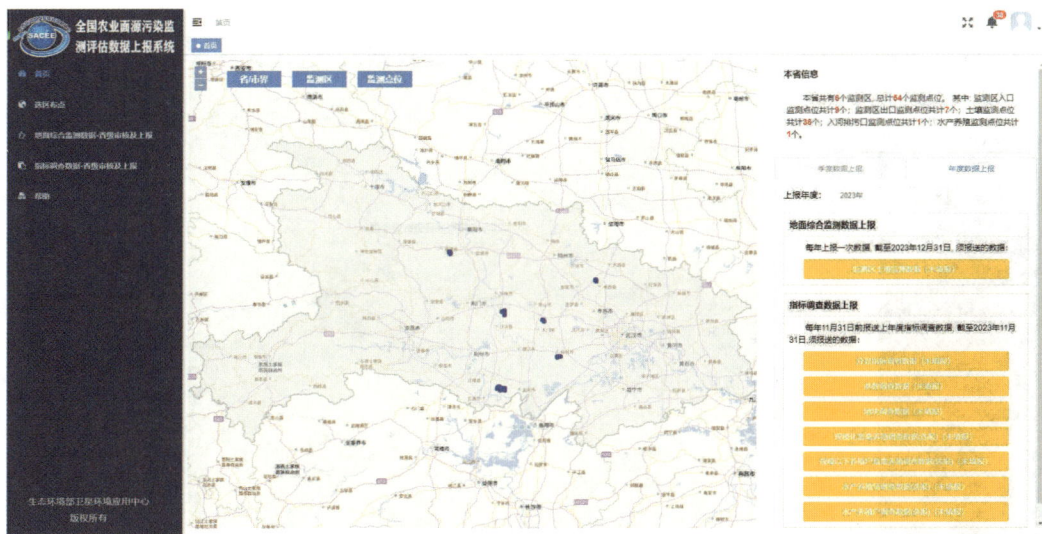

图 8-90 首页

数据上报入口可以通过首页各业务按钮直接进入，也可通过左边菜单入口进入。对于"指标调查数据"中的选填指标，点击首页中选填项指标如图 8-91 所示。如本年度不需要上报数据，选择"否"；选择"是"将跳转数据上报界面。对于其他必须上报的数据，点击首页对应项按钮，将直接进入数据上报界面。

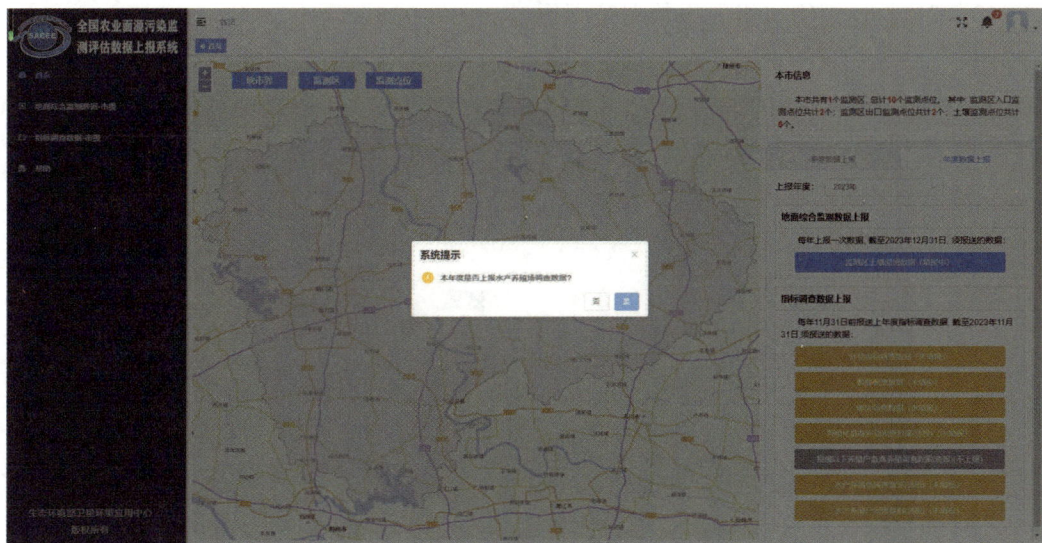

图 8-91 上报数据确认

【示例——分县指标调查数据模块说明】

在首页选择上报年度，然后点击"分县指标调查数据"，进入如图 8-92 所示的界面。

图 8-92　分县指标调查数据上报情况列表

每行记录包括如下操作功能："审核""上报批次""数据明细""下载数据""下载现场照片""下载监测情况说明""下载监测报告""修改审核结果"。

（1）审核：反馈给市级上报数据是否通过（图 8-93）。

图 8-93　分县指标调查数据审核

（2）上报批次：可查看市级上报批次数据，点击后进入如图 8-94 所示的界面。

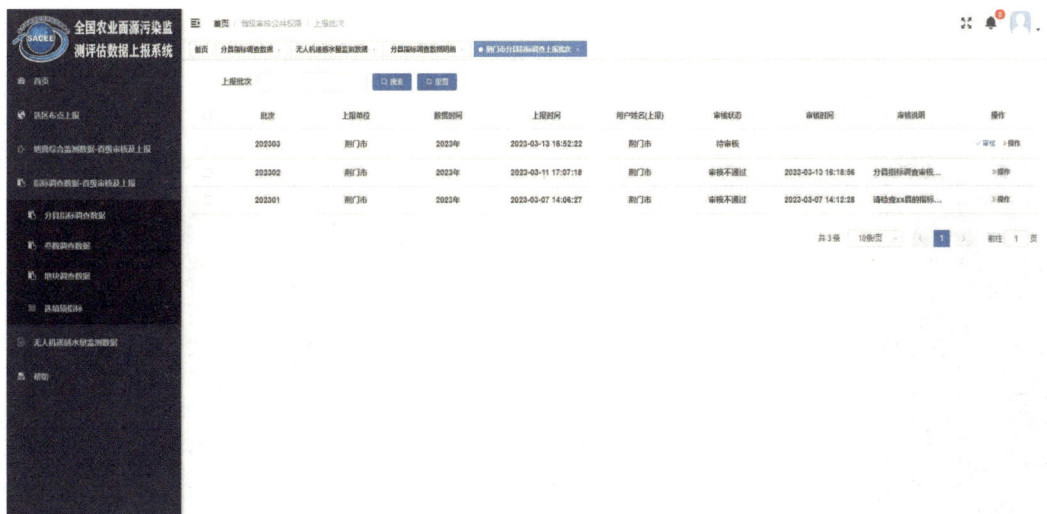

图 8-94　上报批次数据列表

（3）数据明细：线上查看上报数据，点击后进入如图 8-95 所示的界面。

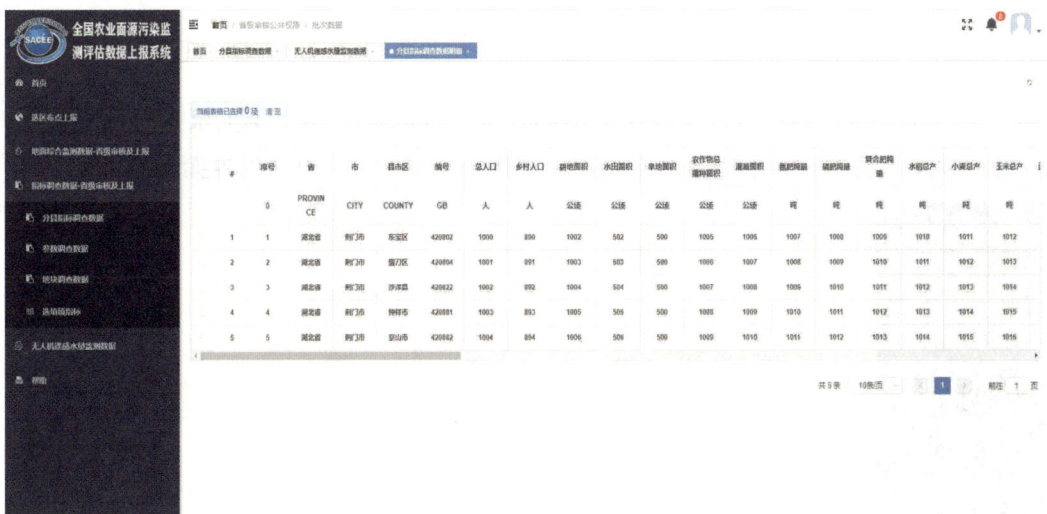

图 8-95　分县指标调查数据明细

（4）下载数据：下载市级上报的数据。

（5）下载现场照片：下载市级上报的现场照片，如果没有上传将不会有此按钮。

（6）下载监测情况说明：下载市级上报的监测情况说明，如果没有上传将不会有此按钮。

（7）下载监测报告：下载市级上报的监测报告，如果没有上传将不会有此按钮。

列表上部功能包括"合并下载""一键上报""上报批次"。

（1）合并下载：当前省份下属市数据都处于"审核通过"/"不上报"时，可使用合并下载功能。可合并下载所有下级上报的数据、现场照片、监测情况说明和监测报告。点击后界面如图 8-96 所示。

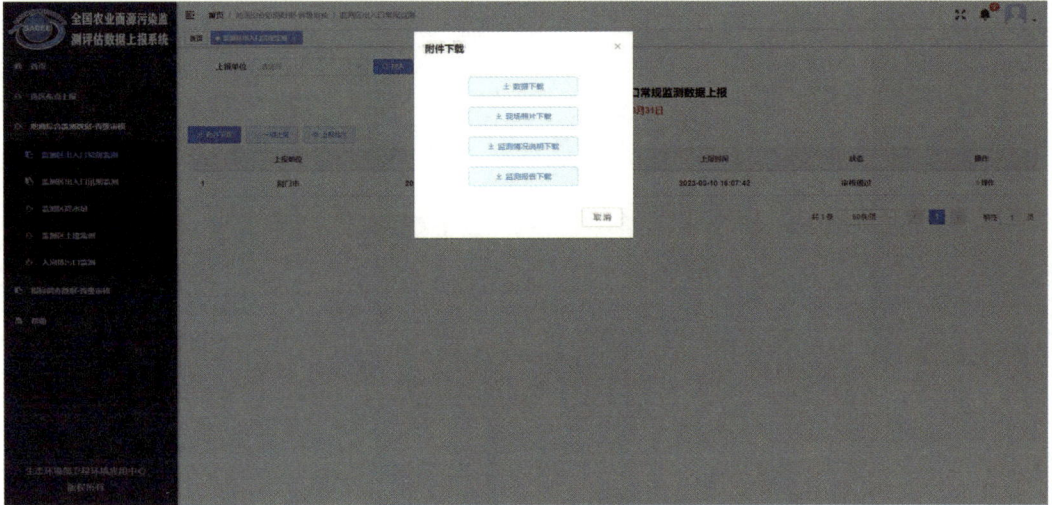

图 8-96　附件下载表

（2）一键上报：当前省份下属市数据都处于"审核通过"/"不上报"时，可使用一键上报功能。此功能会将下级数据汇总后上报国家审核，上报成功后界面如图 8-97 所示。

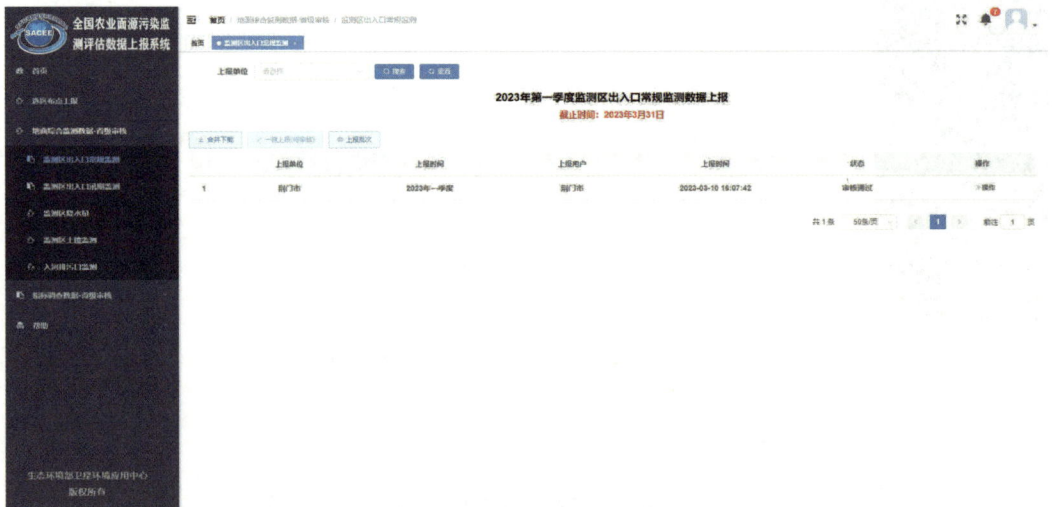

图 8-97　上报完成列表页

（3）上报批次：可查看上报给国家的批次数据，点击后界面如图 8-98 所示。

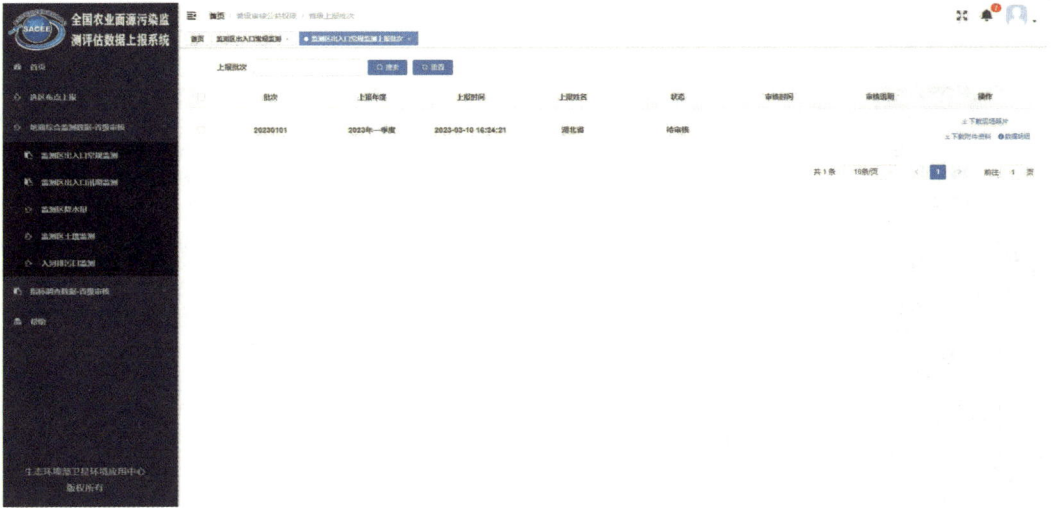

图 8-98 批次数据列表

5.3 自动审核错误提示说明

5.3.1 总人口应大于乡村人口

若提交的分县指标调查数据总人口小于乡村人口时，说明上传数据存在不合理的现象，将提示错误（图 8-99）。

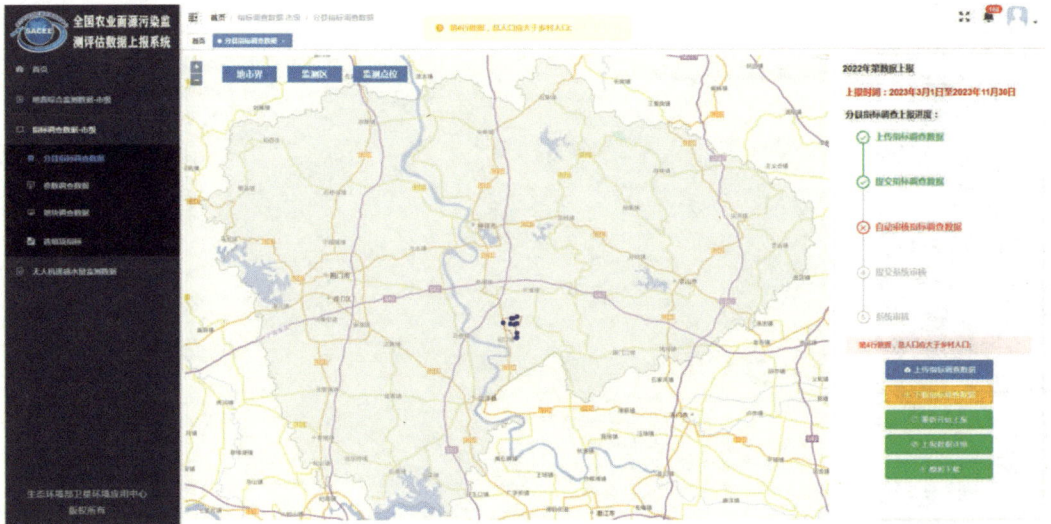

图 8-99 人口数量错误

5.3.2 上传调查区县数据与下载模板中的数量不相等

模板中存在的区县条目必须要求全部上传，如缺少必须条目时，提交自动审核将被退回，错误内容界面如图 8-100 所示。

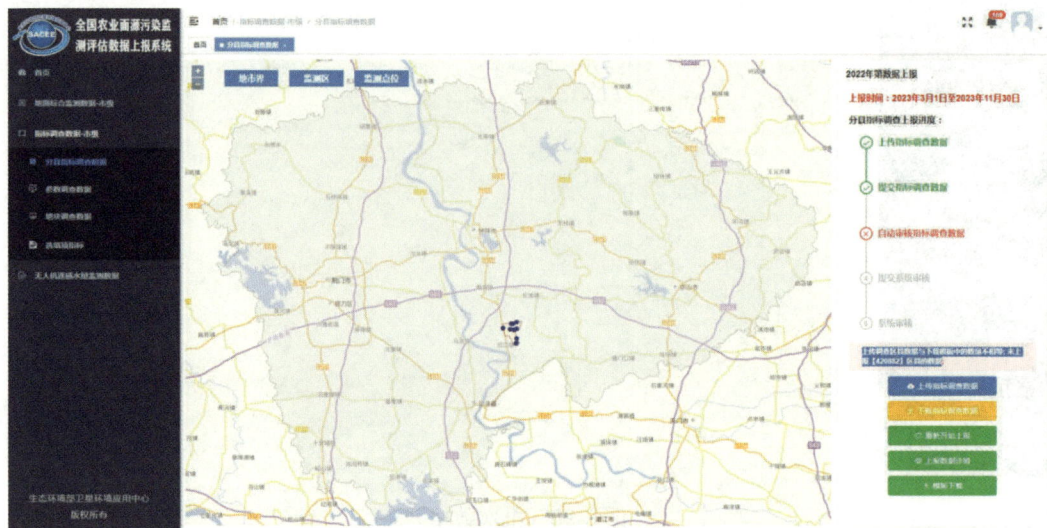

图 8-100　缺少条目数据

5.3.3　空值错误提示

自动审核会对提交的数据字段进行逐条监测，如图 8-101 所示，某条记录中存在空值字段，字段审核将不会通过并提示相应错误。

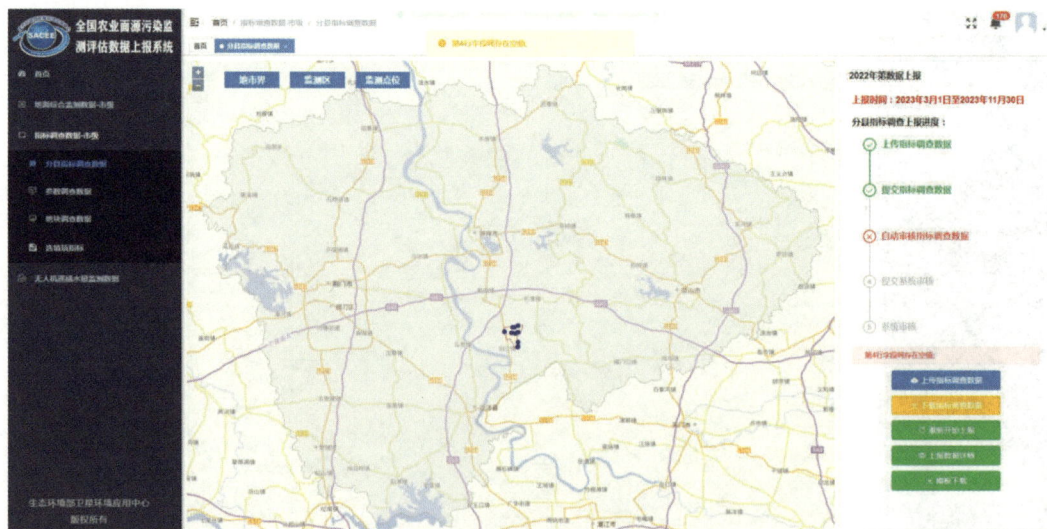

图 8-101　字段错误

第 9 章

省级农业面源污染监测评估软件系统使用手册

1 系统概述

省级农业面源污染监测评估系统（以下简称省级评估系统）基于遥感分布式面源污染监测评估（DPeRS）模型算法开发，是省级单位开展农业面源污染监测评估的基础工具，由生态环境部卫星环境应用中心通过环保专网下发。

省级评估系统为 C/S 结构（客户机—服务器）软件系统，系统安装完成后首先应进行"系统注册"，系统注册码与安装电脑硬件绑定。各省级单位只限定一台电脑使用，如需更换系统运行的电脑须重新进行系统注册，注册码由生态环境部卫星环境应用中心提供。系统在环保专网网络环境下运行，须进行用户认证才能使用，登录使用的用户名、密码与各省级单位在全国农业面源污染监测评估数据上报系统的用户名、密码一致。

系统提供数据准备、污染量核算和结果输出三步操作核算农业面源污染量能力，包括总氮、总磷、氨氮和化学需氧量 4 个指标。

2 系统运行环境

省级评估系统运行软硬件环境不低于以下配置（表 9-1），软件环境的操作系统和支撑软件为必选项，否则系统无法正常运行。

表 9-1　系统运行环境

类别	设备	指标详细信息
硬件环境	CPU	8 核处理器，主频 3.0 GHz 及以上
	内存	16 GB 以上
	可用硬盘空间	1 TB 以上（如需计算 30 m 分辨率数据，请准备至少 10 TB 以上可用硬盘空间）
软件环境	操作系统	Windows 7/10/11 等
	支撑软件	ENVI5.3（IDL8.5）以上版本

3　操作说明

省级评估系统主要实现省级农业面源污染监测评估的污染量核算功能，得到省级农业面源污染量核算结果，包括总氮、总磷、氨氮和化学需氧量 4 个指标的排放和入水体负荷及总量数据。本系统采用 C/S 结构，在全国环境保护业务专网下运行。

本章将详细说明系统注册、系统登录和系统操作使用等内容，并用图文演示说明系统的操作流程。

3.1　系统用户

本系统的服务对象是全国 31 个省（区、市）和新疆生产建设兵团负责农业面源污染监测评估污染量核算的数据处理人员。系统登录使用的用户名、密码与各省级单位在"国家农业面源污染监测评估数据上报系统"的用户名、密码一致，不支持新用户注册。

3.2　登录界面

系统安装完成后，点击桌面的省级农业面源污染监测评估系统图标即可打开系统。系统登录页面如图 9-1 所示。

图 9-1　系统登录页面

3.2.1　系统注册

首次打开系统，由于未进行系统注册，会显示软件注册提示信息，点击"确定"按钮可打开"系统注册"对话框，如图 9-2 所示。

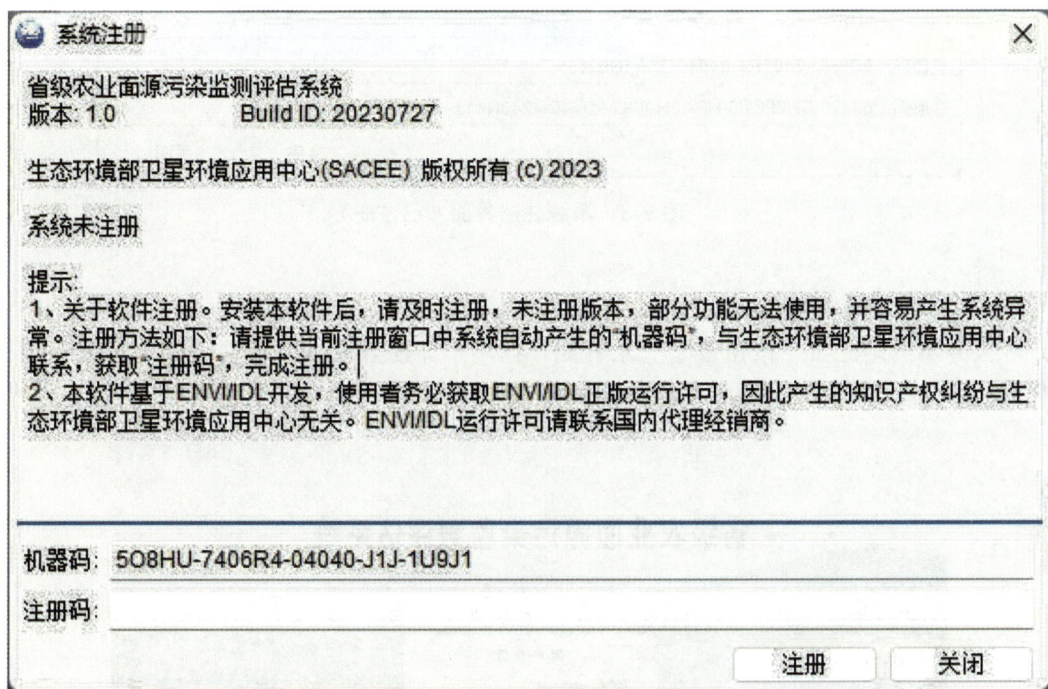

图 9-2　系统注册界面（未注册）

　　将系统注册对话框中的"机器码"发送给生态环境部卫星环境应用中心相关工作人员，并将其反馈提供的"注册码"填入系统注册对话框中的"注册码"项中，点击"注册"按钮进行注册，注册完成后将显示系统注册信息，如图 9-3 所示。

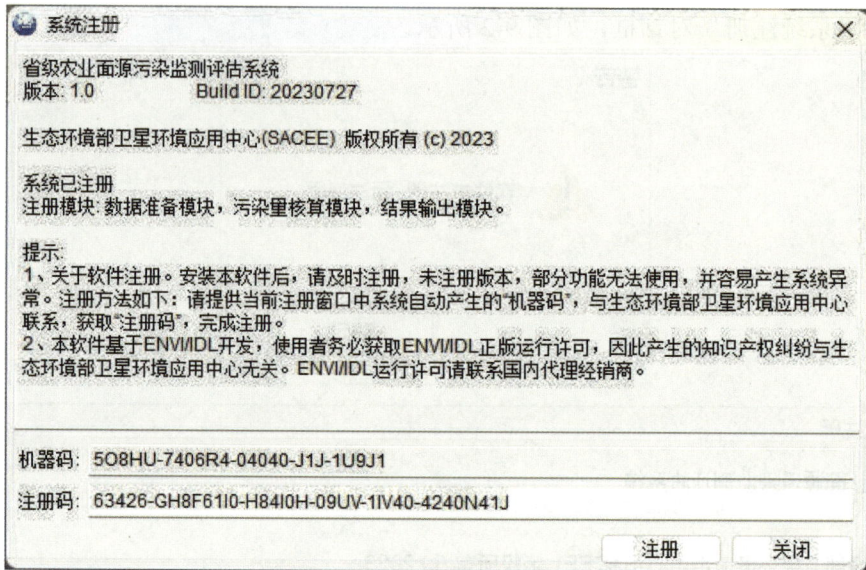

图 9-3　系统注册界面（已注册）

3.2.2　服务器网络配置

"服务器网络配置"按钮位于登录界面，在用户无法登录或服务器网络环境发生更改的情况下使用，点击此按钮即可打开"服务器网络配置"对话框，如图 9-4 所示。

图 9-4　服务器网络配置

"服务器网络配置"对话框中包含网络协议、IP 地址、端口等配置内容，一般使用系统默认配置即可，不用更改，如果服务器配置有相关更改会另行通知。点击"测试连接"按钮即可得到服务器网络测试结果。

3.2.3　系统设置

"系统设置"按钮位于登录界面，包括查看空间参考坐标系及修改计算性能参数功能，点击此按钮即可打开"系统设置"对话框，如图 9-5 所示。

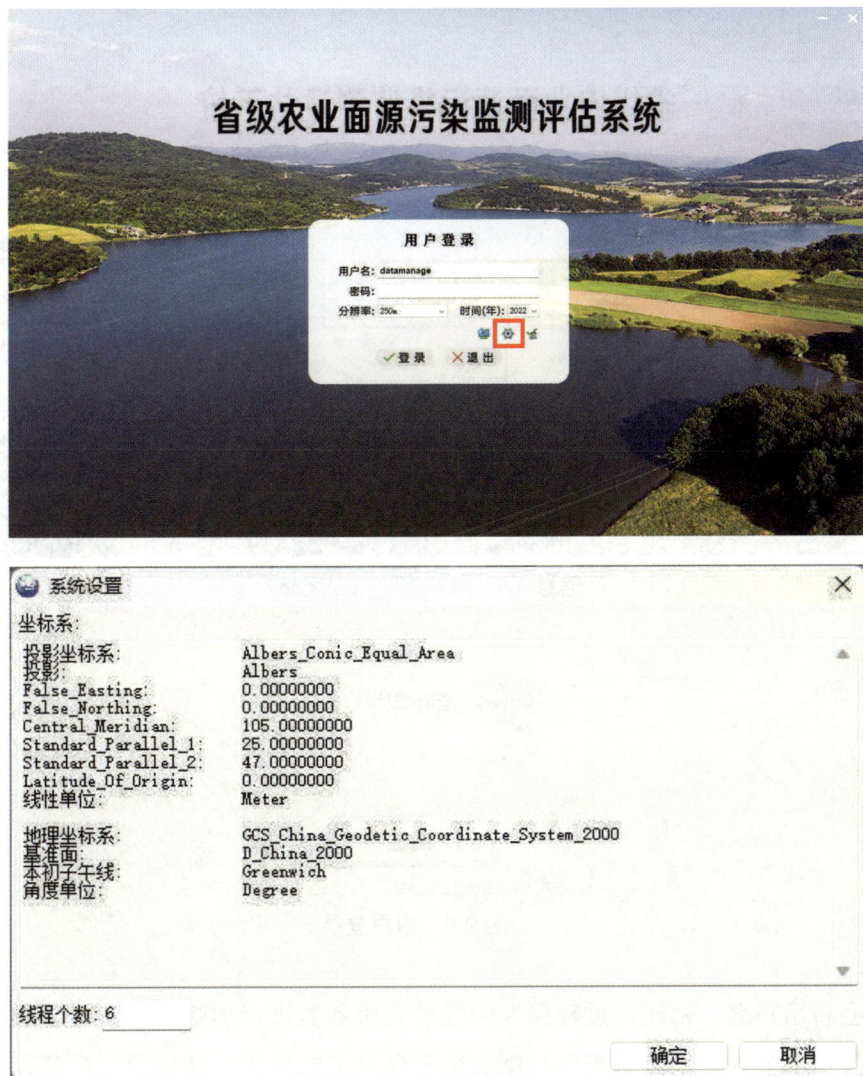

图 9-5　系统设置

"系统设置"对话框中包含坐标系信息和线程个数等配置内容，坐标系信息只可查看不可更改，线程个数请根据系统安装的硬件环境进行设置，可参考电脑的内核个数，例如电脑内核为 24 核，则线程个数可设置为 20，这样能充分利用硬件性能进行数据处理，加快计算速度。

3.2.4 用户登录

在系统登录页面中，选择计算所需的"分辨率"和"时间（年）"，输入与国家农业面源污染监测评估数据上报系统相同的省级账户用户名及密码，点击"登录"按钮即可登录系统，如图 9-6 所示。

图 9-6 用户登录

系统会将用户名、密码通过环保专网发送到服务器进行加密验证，验证通过后即可打开系统界面。如果显示登录失败，则会提示登录失败原因，请检查用户名、密码及服务器网络配置等问题。

3.3 顶部操作界面

系统登录完成后，即可打开系统主界面，包含数据准备、污染量核算和结果输出三步操作流程及相关界面，如图9-7所示。

图 9-7　顶部操作界面

　　顶部操作界面左上角包含生态环境部、生态环境部卫星环境应用中心两个单位的LOGO，点击即可打开网站链接，如图9-8所示。

图 9-8　顶部操作界面主管单位链接

　　顶部操作界面右上角包含 3 个按钮，分别是"关于""帮助""国家农业面源污染监测评估数据上报系统"，如图9-9所示。

图 9-9　顶部操作界面操作按钮

　　点击"关于"按钮，可打开"关于省级农业面源污染监测评估系统"对话框，在此显示系统的版本信息及版权信息，如图9-10所示。

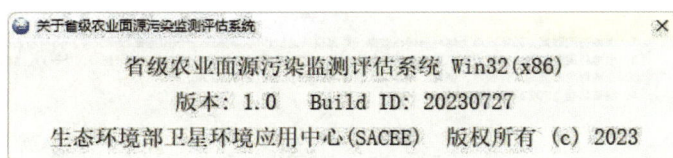

图 9-10　关于对话框

　　点击"帮助"按钮，可打开本系统的帮助文档。

　　点击"国家农业面源污染监测评估数据上报系统"按钮，可打开数据上报系统的网页。

顶部操作界面还包含数据准备、污染量核算和结果输出 3 个步骤的模块选择按钮，点击按钮即可打开相关模块，如图 9-11 所示。

图 9-11　模块选择按钮

3.4　数据准备界面

系统登录完成后，首先打开的是数据准备界面。"第一步数据准备"，主要流程是根据登录界面选择的分辨率和时间（年），在土地利用遥感监测数据、植被覆盖度遥感监测数据、分县养分平衡数据、地面综合监测数据、降水插值数据、土壤氮磷数据、坡长坡度数据、污染物入河系数和参数调查数据 9 个数据项中填入相应数据，进行计算数据准备，如图 9-12 所示。

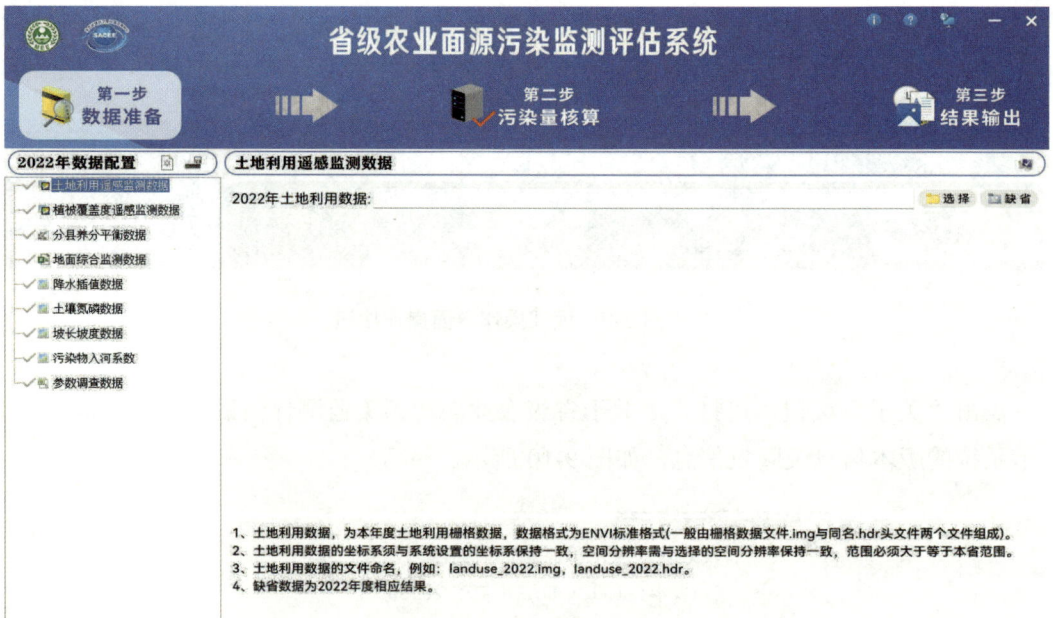

图 9-12　数据准备界面

3.4.1　缺省数据（250 m）

如果系统登录时选择的分辨率为"250 m"，则在数据准备界面中有些需输入的数据项会显示缺省按钮，如图 9-13 所示。

图 9-13　缺省数据按钮（250 m 分辨率）

例如，在图 9-13 中的"植被覆盖度遥感监测数据"界面，点击右侧上方红框内的"缺省数据"按钮，将会自动批量导入缺省"植被覆盖度遥感监测数据"，并显示导入信息，如图 9-14 所示。

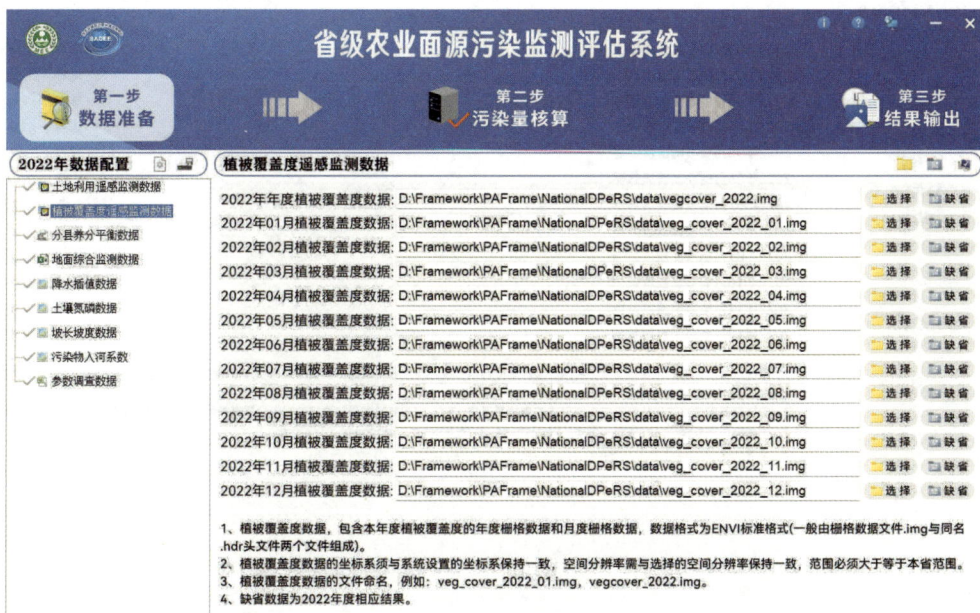

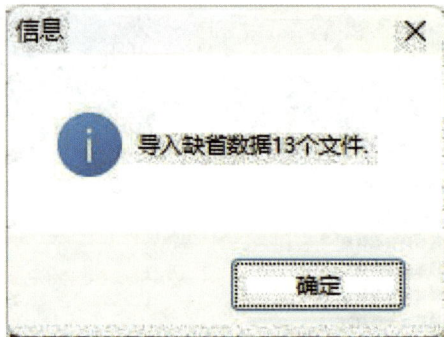

图 9-14　批量导入缺省数据

在图 9-13 中的"植被覆盖度遥感监测数据"界面，点击右侧绿框内的"缺省"按钮，将会自动导入当前项的缺省数据，不会显示导入信息。

3.4.2　批量导入

在数据准备界面的"植被覆盖度遥感监测数据"和"降水插值数据"项中，由于需准备的数据较多，系统提供批量导入工具（红框内按钮），如图 9-15 所示。

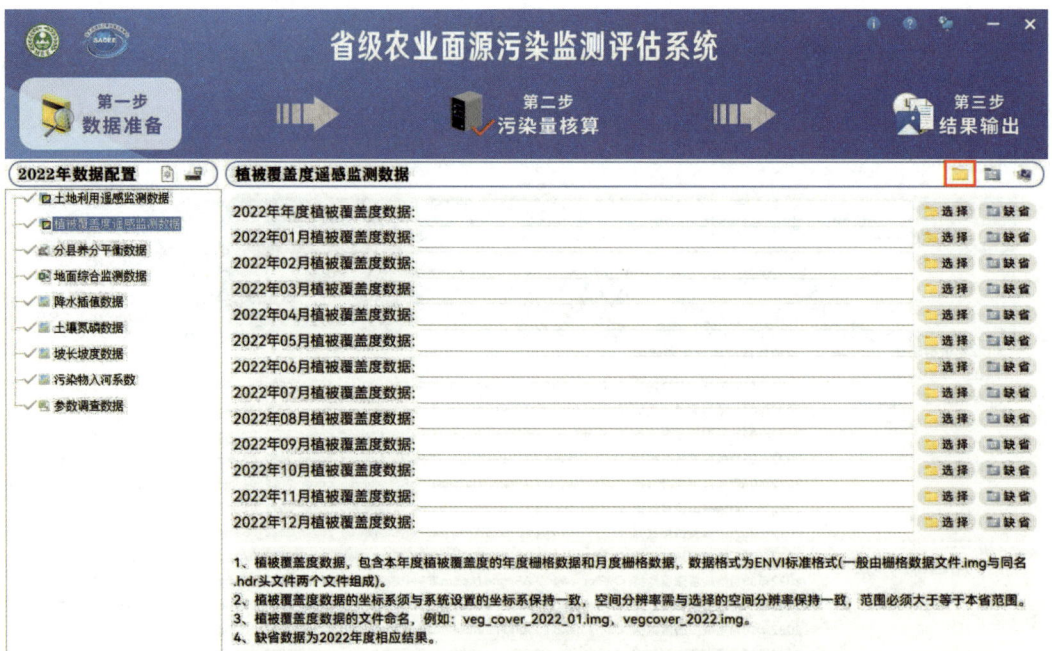

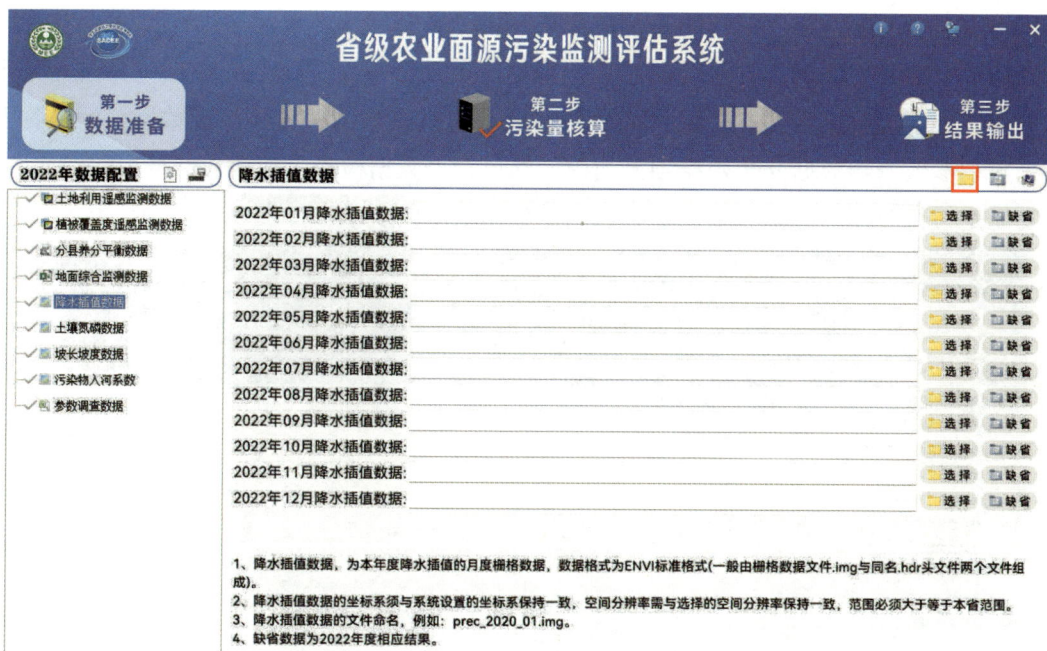

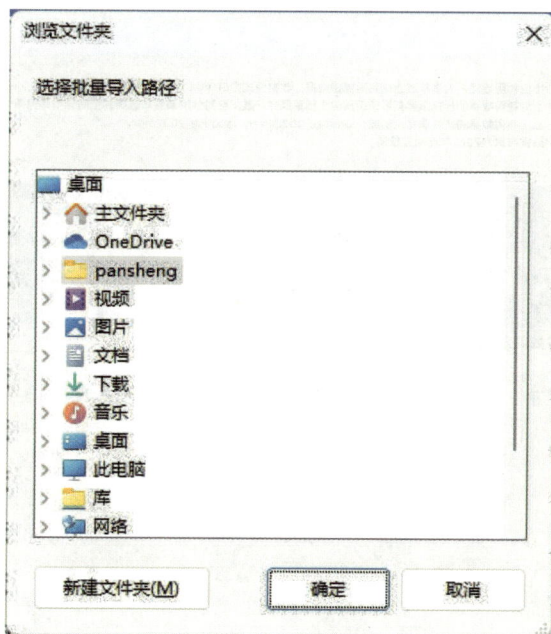

图 9-15　批量导入数据

点击图 9-15 中红框内的"批量导入"按钮，将弹出"选择批量导入路径"对话框，请选择包含导入数据的文件夹，系统将自动搜索此文件夹中符合文件命名规则的数据导入系统。

3.4.3 数据检查

在数据准备界面的土地利用遥感监测数据、植被覆盖度遥感监测数据、分县养分平衡数据、地面综合监测数据、降水插值数据、土壤氮磷数据、坡长坡度数据、污染物入河系数和参数调查数据 9 个数据项界面中，都包含"数据检查"按钮（红框内按钮），主要功能是检查对应的数据项数据是否已满足数据准备的要求，如图 9-16 所示。

图 9-16　数据检查

对于栅格数据类型（ENVI 标准格式.img 文件）的数据项，主要是检查栅格图像数据的坐标系、空间范围、分辨率、文件类型等是否符合系统要求，对于矢量数据类型（分县养分平衡数据）的数据项，主要是检查数据字段、坐标系、空间范围、文件类型等是否符合系统要求，对于 Excel 数据类型的数据项，主要是检查数据格式、数据类型、数据内容等是否符合系统要求。

点击"数据检查"按钮，如果此数据项界面中所有需要准备的数据符合系统要求，则右侧管理树中对应数据项的"√"会显示为绿色，如图 9-17 所示。

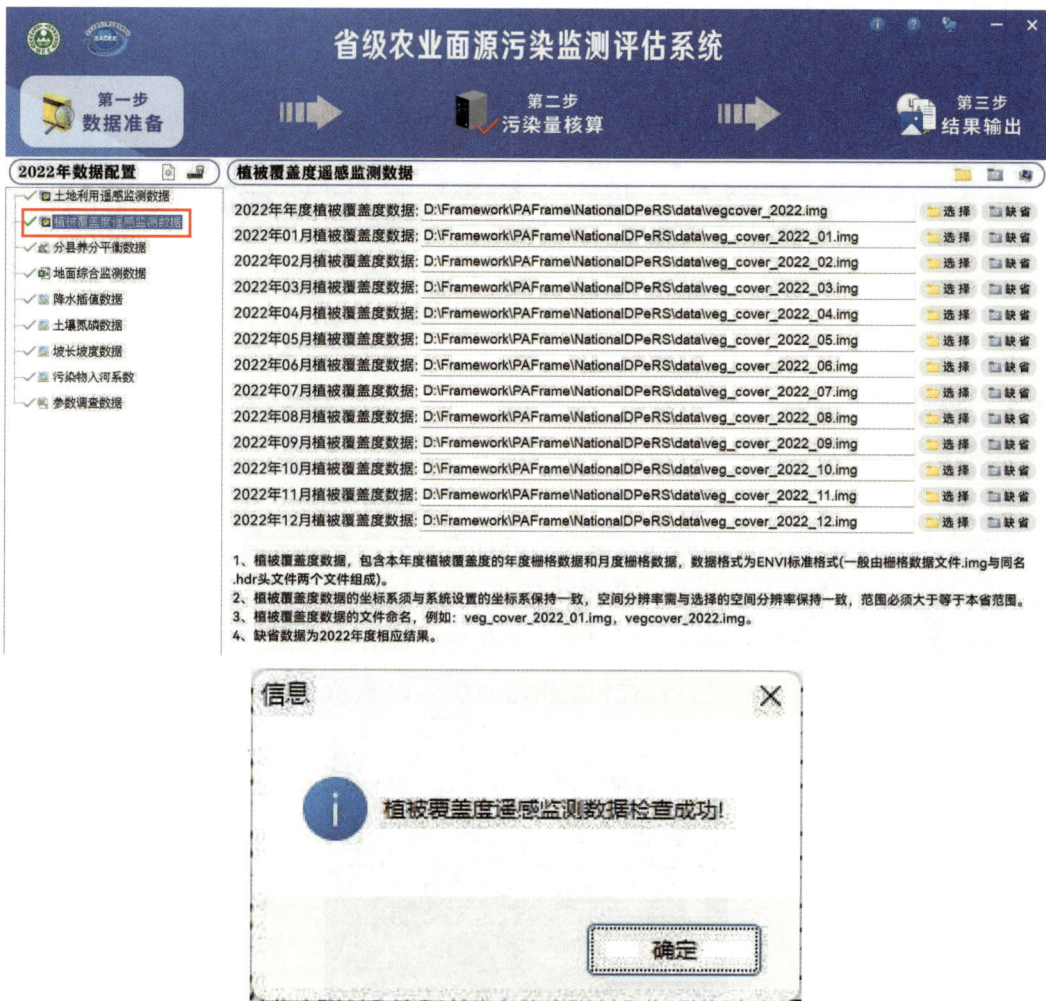

图 9-17　数据检查完成

如果所有数据项数据检查成功，则顶部操作界面"第一步数据准备"后的箭头会变成绿色，此时可以打开"第二步污染量核算"界面，如图 9-18 所示。

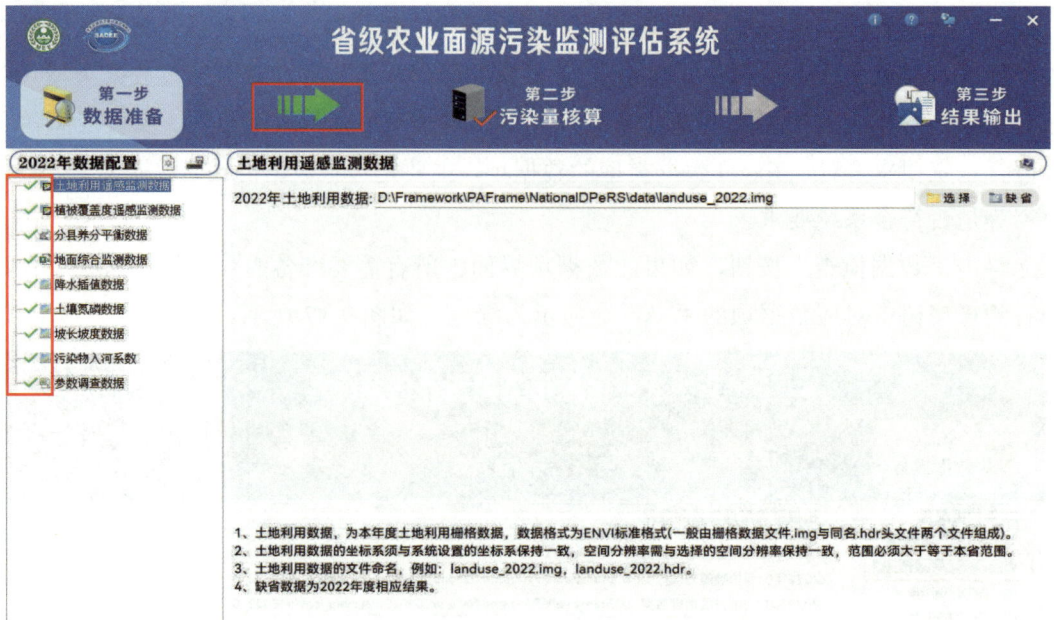

图 9-18   全部数据检查完成

3.4.4   数据配置

数据配置是指对数据准备的所有输入数据信息进行记录。数据准备界面中需准备的数据较多，为方便用户进行数据配置及查看历史数据配置情况，系统设计了数据配置自动保存机制，不同的分辨率与时间设置组合都拥有对应的数据配置文件，存储路径为安装路径下的 plugins 文件夹。用户只要成功登录，系统就会自动保存所选分辨率及时间的数据配置文件，系统下次启动时，如果已有相关数据配置文件，系统将自动加载并填入数据准备界面中，方便用户进行查看和编辑，如图 9-19 所示。

图 9-19   数据配置文件

系统还拥有"另存数据配置"和"打开数据配置"功能，可在数据准备界面将当前数据另存为数据配置文件，也可打开保存的数据配置文件，方便对数据准备的输入信息进行编辑，如图 9-20 所示。

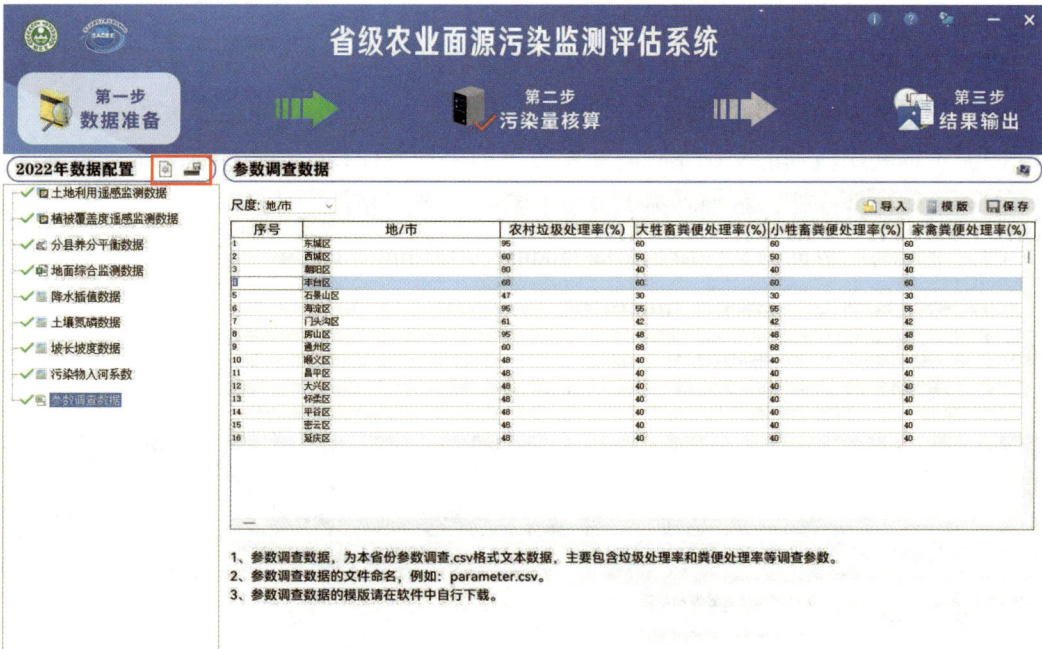

图 9-20　数据配置相关按钮

3.4.5　土地利用遥感监测数据

土地利用遥感监测数据界面如图 9-21 所示。

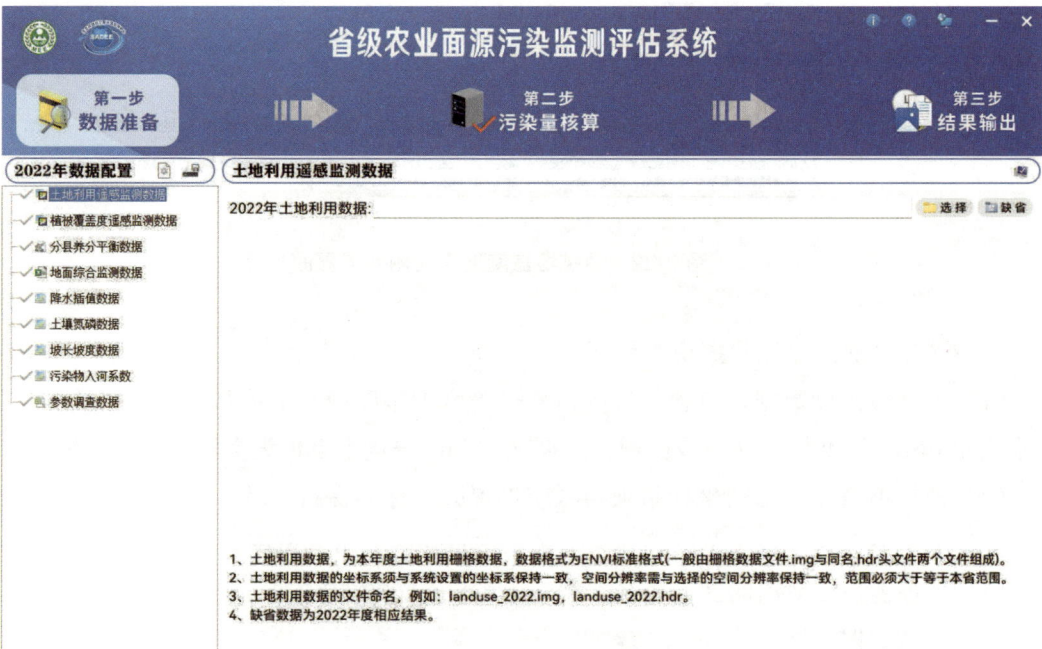

图 9-21　土地利用遥感监测数据界面

土地利用遥感监测数据说明如下：

（1）土地利用数据，为本年度土地利用栅格数据，数据格式为 ENVI 标准格式（一般由栅格数据文件.img 与同名.hdr 头文件两个文件组成）。

（2）土地利用数据的坐标系须与系统设置的坐标系保持一致，空间分辨率需与选择的空间分辨率保持一致，范围必须大于等于本省（区、市）范围。

（3）土地利用数据的文件命名，如 landuse_2022.img、landuse_2022.hdr。

（4）缺省数据为 2022 年度相应结果。

3.4.6 植被覆盖度遥感监测数据

植被覆盖度遥感监测数据界面如图 9-22 所示。

图 9-22 植被覆盖度遥感监测数据界面

植被覆盖度遥感监测数据说明如下：

（1）植被覆盖度数据，包含本年度植被覆盖度的年度栅格数据和月度栅格数据，数据格式为 ENVI 标准格式（一般由栅格数据文件.img 与同名.hdr 头文件两个文件组成）。

（2）植被覆盖度数据的坐标系须与系统设置的坐标系保持一致，空间分辨率需与选择的空间分辨率保持一致，范围必须大于等于本省（区、市）范围。

（3）植被覆盖度数据的文件命名，如 veg_cover_2022_01.img、vegcover_2022.img。

（4）缺省数据为 2022 年度相应结果。

3.4.7 分县养分平衡数据

分县养分平衡数据界面如图 9-23 所示。

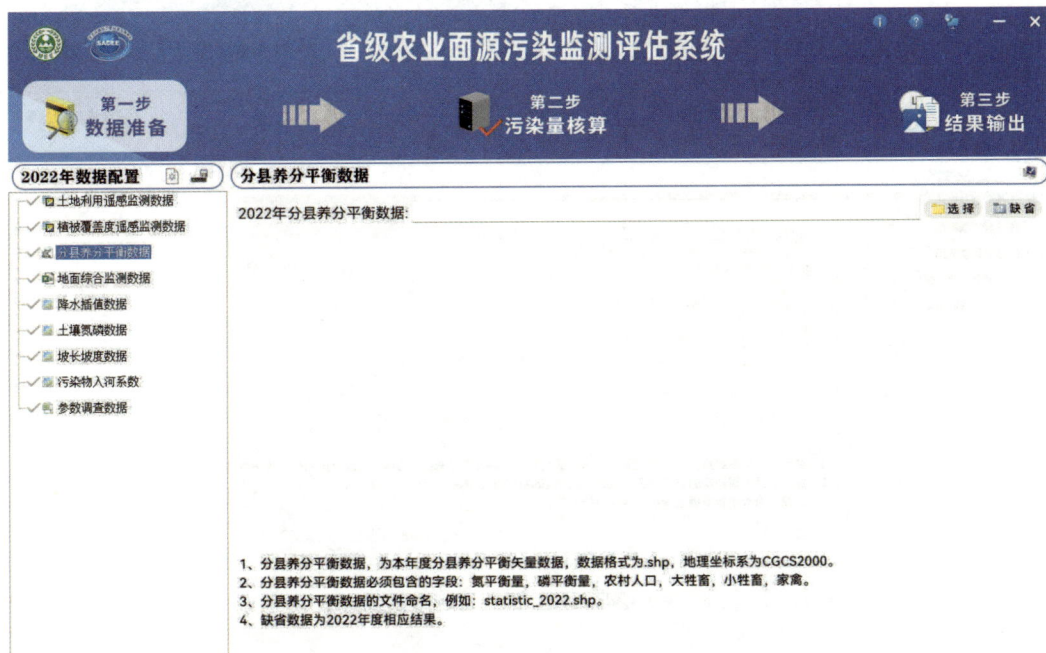

图 9-23 分县养分平衡数据界面

分县养分平衡数据说明如下：

（1）分县养分平衡数据，为本年度分县养分平衡矢量数据，数据格式为.shp，地理坐标系为 CGCS2000。

（2）分县养分平衡数据必须包含的字段：氮平衡量、磷平衡量、农村人口、大牲畜、小牲畜、家禽。

（3）分县养分平衡数据的文件命名，如 statistic_2022.shp。

（4）缺省数据为 2022 年度相应结果。

3.4.8 地面综合监测数据

地面综合监测数据界面如图 9-24 所示。

地面综合监测数据主要是监测区污染量数据，其数据说明如下：

（1）监测区污染量数据，为本年度监测区污染量数据，数据格式为.xlsx，由各省（区、市）和新疆生产建设兵团自行计算提供。

（2）监测区污染量数据的文件命名，如 pollutional_2022.xlsx。

（3）监测区污染量数据模板请在软件中自行下载。

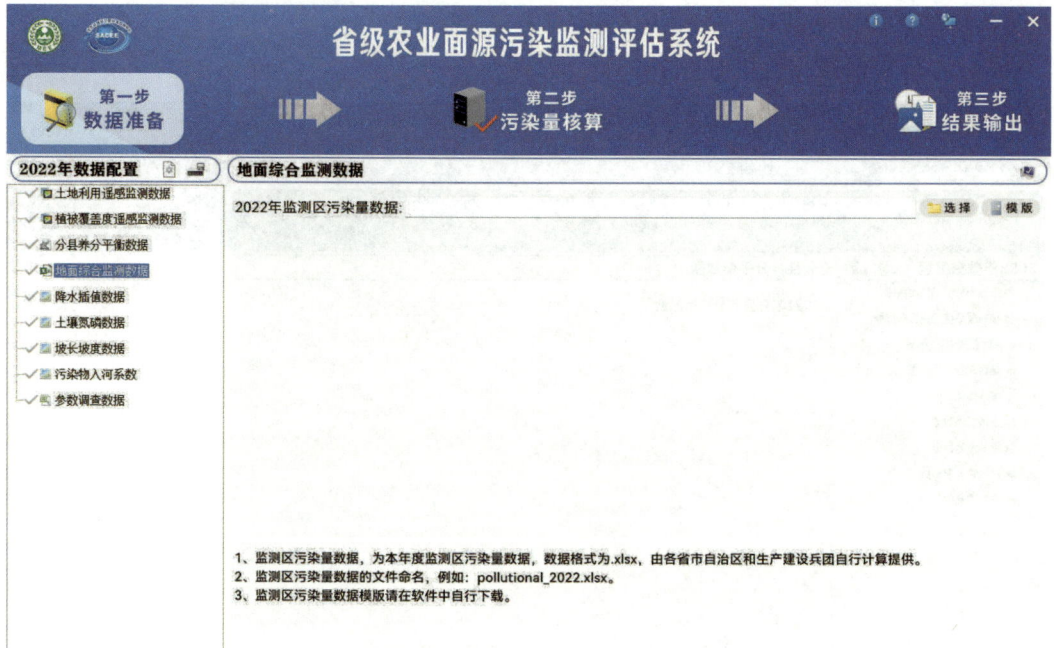

图 9-24　地面综合监测数据界面

3.4.9　降水插值数据

降水插值数据界面如图 9-25 所示。

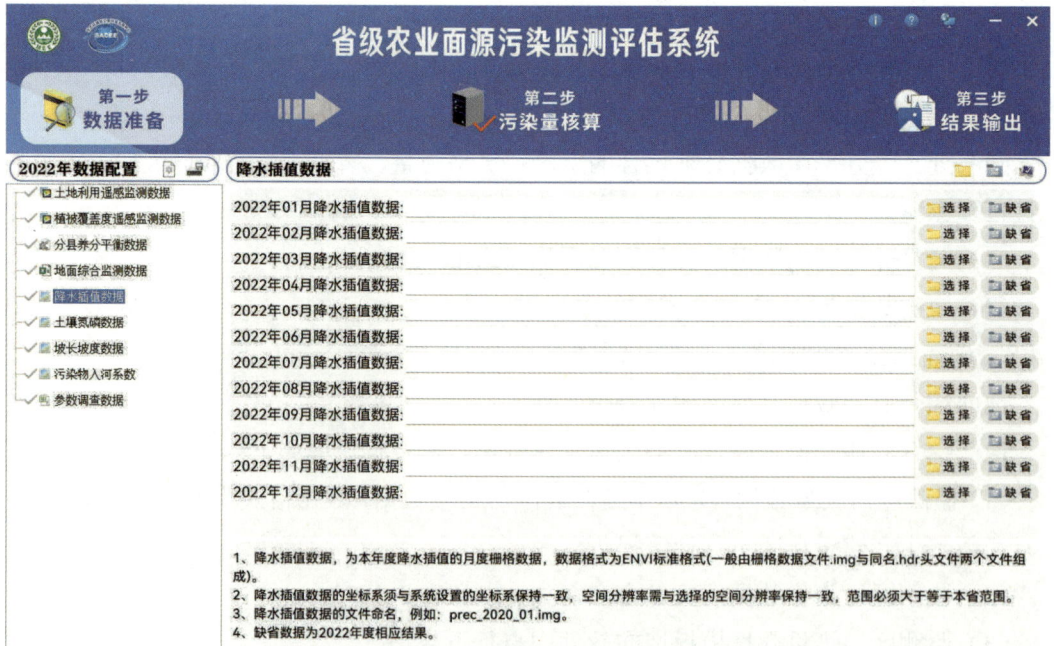

图 9-25　降水插值数据界面

降水插值数据说明如下：

（1）降水插值数据，为本年度降水插值的月度栅格数据，数据格式为 ENVI 标准格式（一般由栅格数据文件.img 与同名.hdr 头文件两个文件组成）。

（2）降水插值数据的坐标系须与系统设置的坐标系保持一致，空间分辨率需与选择的空间分辨率保持一致，范围必须大于等于本省（区、市）范围。

（3）降水插值数据的文件命名，如 prec_2020_01.img。

（4）缺省数据为 2022 年度相应结果。

3.4.10 土壤氮磷数据

土壤氮磷数据界面如图 9-26 所示。

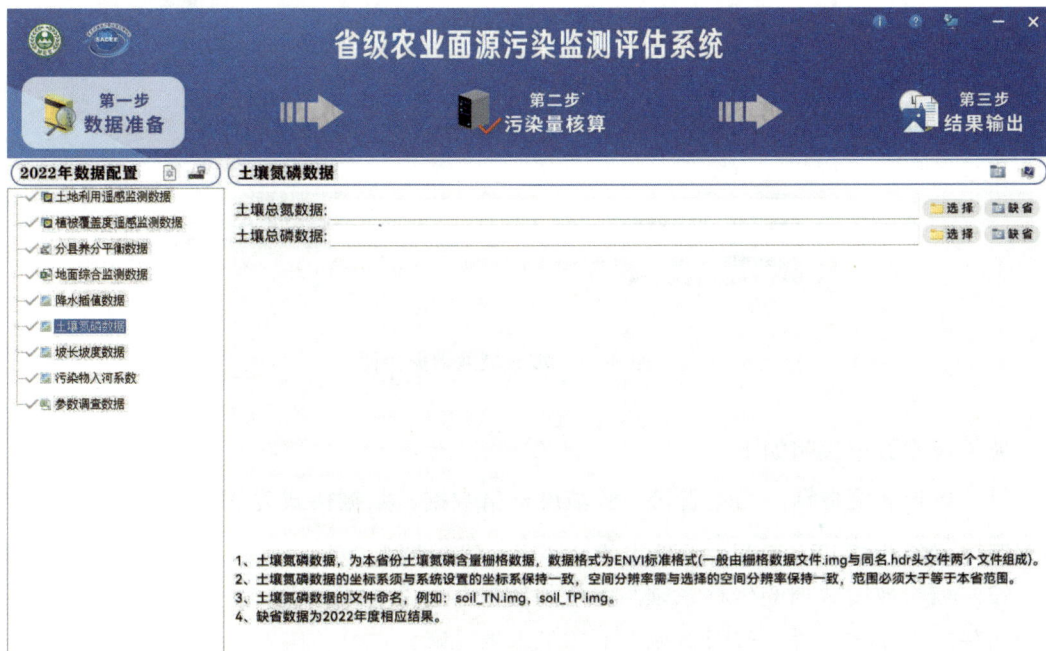

图 9-26 土壤氮磷数据界面

土壤氮磷数据说明如下：

（1）土壤氮磷数据，为本省份土壤氮磷含量栅格数据，数据格式为 ENVI 标准格式（一般由栅格数据文件.img 与同名.hdr 头文件两个文件组成）。

（2）土壤氮磷数据的坐标系须与系统设置的坐标系保持一致，空间分辨率需与选择的空间分辨率保持一致，范围必须大于等于本省（区、市）范围。

（3）土壤氮磷数据的文件命名，如 soil_TN.img、soil_TP.img。

（4）缺省数据为 2022 年度相应结果。

3.4.11　坡长坡度数据

坡长坡度数据界面如图 9-27 所示。

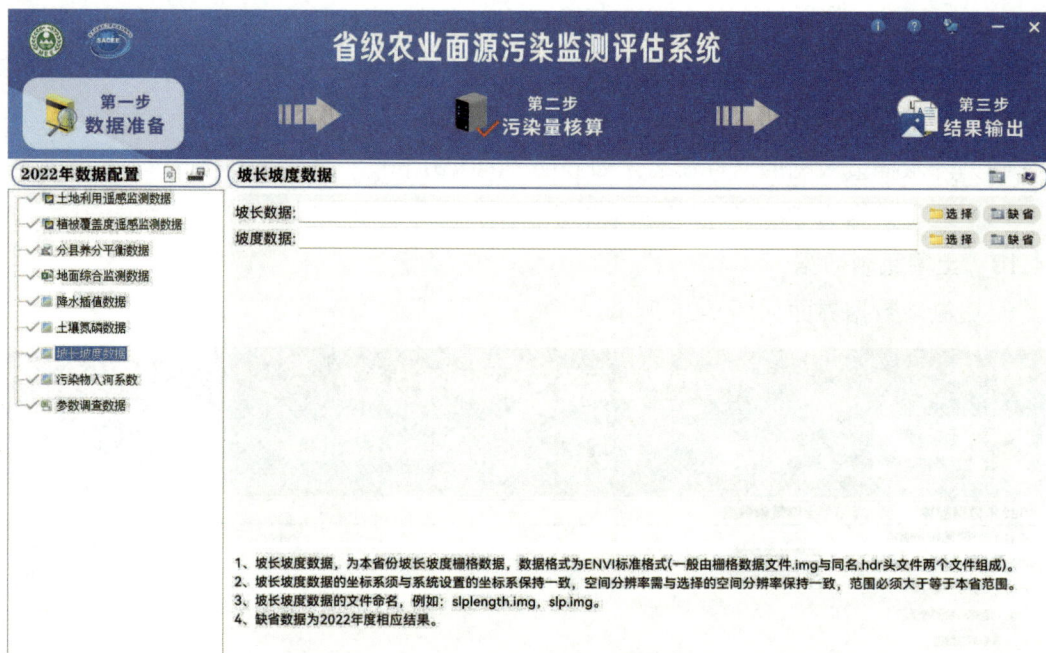

图 9-27　坡长坡度数据界面

坡长坡度数据说明如下：

（1）坡长坡度数据，为本省份坡长坡度栅格数据，数据格式为 ENVI 标准格式（一般由栅格数据文件.img 与同名.hdr 头文件两个文件组成）。

（2）坡长坡度数据的坐标系须与系统设置的坐标系保持一致，空间分辨率需与选择的空间分辨率保持一致，范围必须大于等于本省（区、市）范围。

（3）坡长坡度数据的文件命名，如 slplength.img、slp.img。

（4）缺省数据为 2022 年度相应结果。

3.4.12　污染物入河系数

污染物入河系数界面如图 9-28 所示。

污染物入河系数说明如下：

（1）污染物入河系数，为本省份污染物入河系数栅格数据，数据格式为 ENVI 标准格式（一般由栅格数据文件.img 与同名.hdr 头文件两个文件组成）。

（2）污染物入河系数的坐标系须与系统设置的坐标系保持一致，空间分辨率需与选择的空间分辨率保持一致，范围必须大于等于本省（区、市）范围。

（3）污染物入河系数的文件命名，如 dis_2022.img、ads_2022.img。

（4）缺省数据为 2022 年度相应结果。

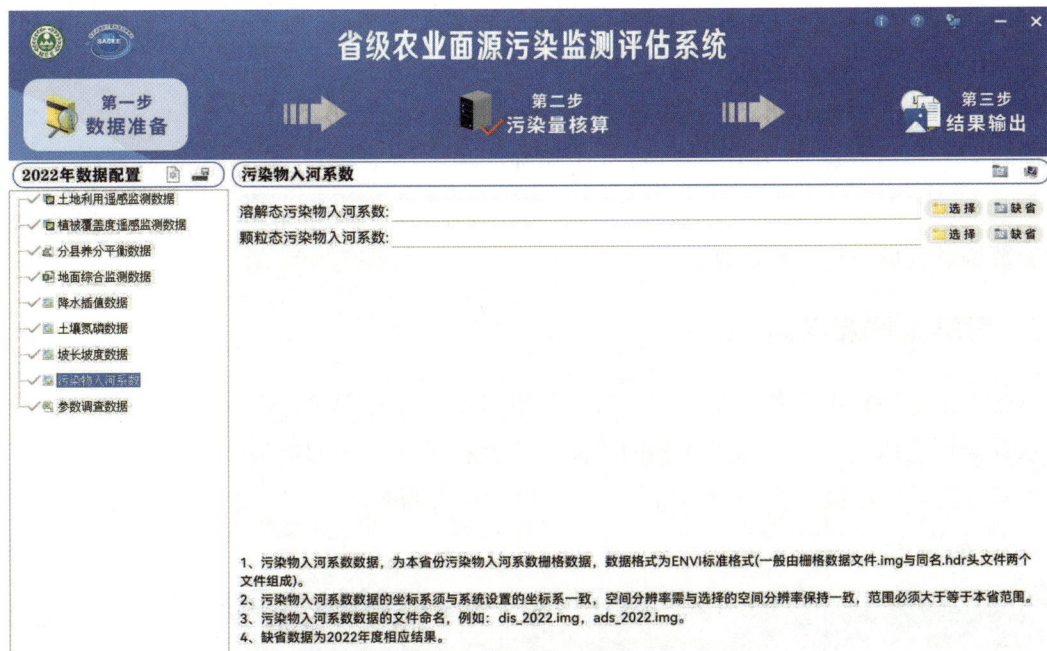

图 9-28　污染物入河系数界面

3.4.13　参数调查数据

参数调查数据界面如图 9-29 所示。

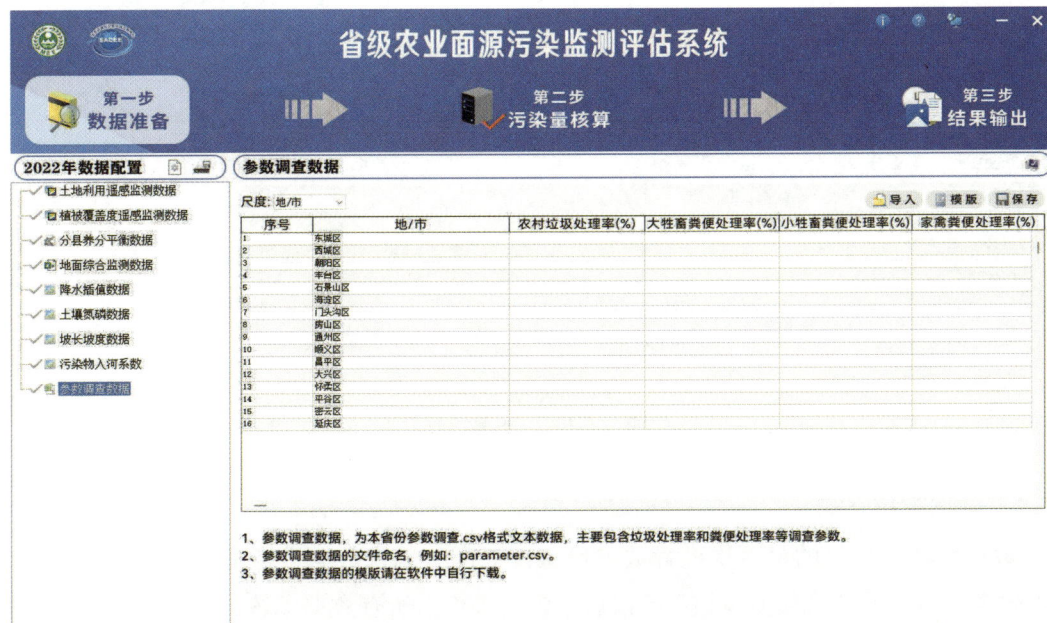

图 9-29　参数调查数据界面

参数调查数据说明如下：

（1）参数调查数据，为本省份参数调查.csv 格式文本数据，主要包含垃圾处理率和粪便处理率等调查参数。

（2）参数调查数据的文件命名，如 parameter.csv。

（3）参数调查数据的模板请在软件中自行下载。

参数调查数据可选地/市、区/县两个尺度进行计算，具体请根据各省（区、市）获取的参数调查数据尺度进行处理。

3.5 污染量核算界面

在"第一步数据准备"中，将所有数据准备好后，分别进行数据检查，如果所有数据项数据检查成功，则顶部操作界面"第一步数据准备"后的箭头会变成绿色，此时可以打开"第二步污染量核算"界面，此界面中共包含两个功能——"数据审核""污染量核算"，如图 9-30 所示。

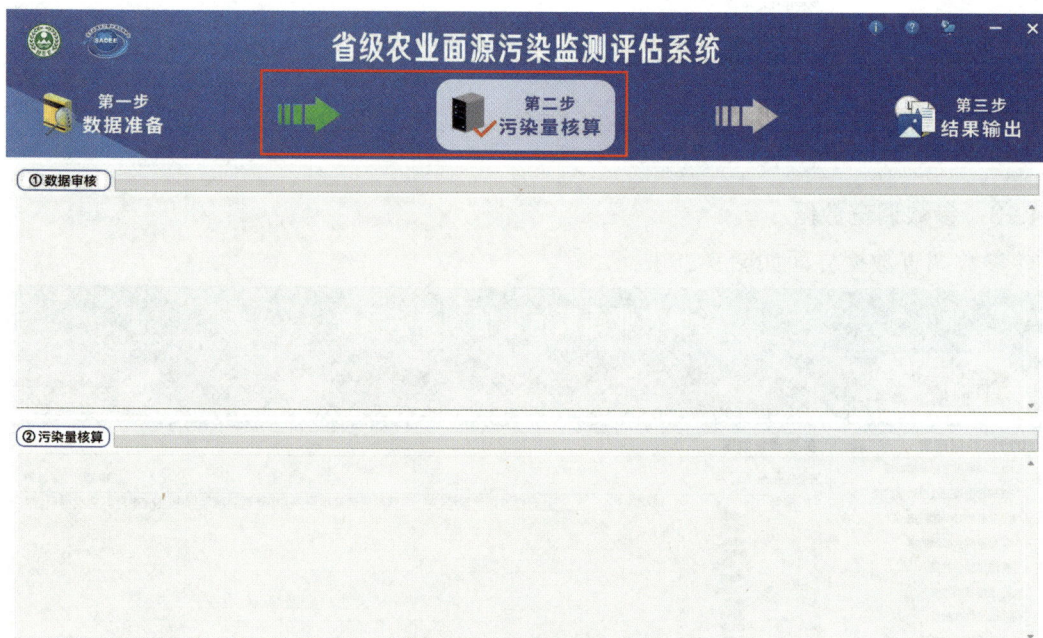

图 9-30　污染量核算界面

3.5.1 数据审核

数据审核主要目的是再次进行数据检查，对所有输入数据进行确认，以备后面的污染量核算使用，点击"数据审核"按钮后，系统将列出所有数据审核情况信息，如图 9-31 所示。

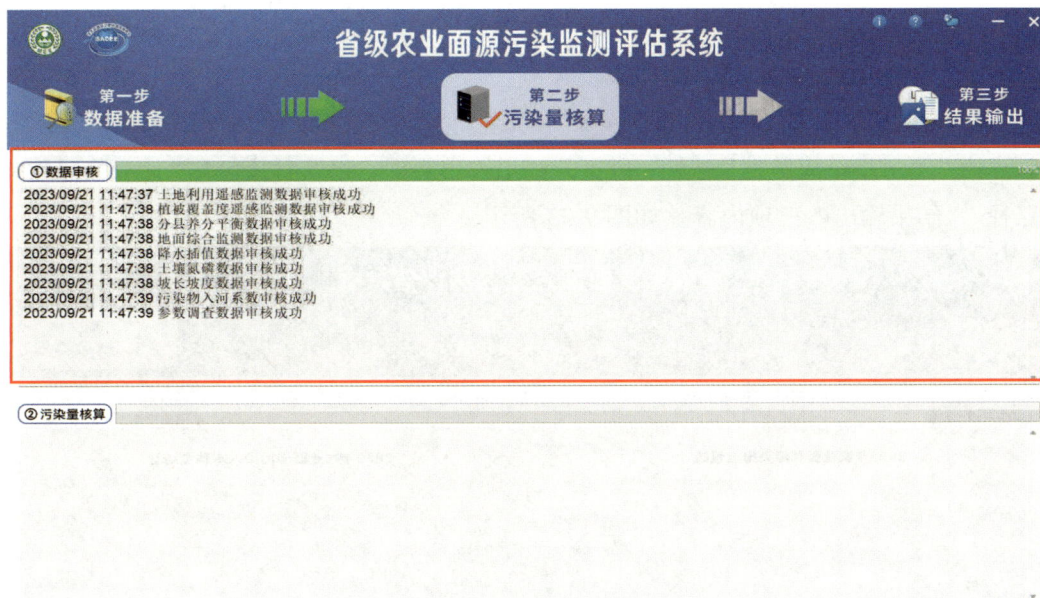

图 9-31　数据审核

3.5.2　污染量核算

污染量核算是本系统的核心功能，在此计算总氮、总磷、氨氮和化学需氧量 4 个指标的排放和入水体负荷及总量数据，在"数据审核"完成后，点击"污染量核算"按钮，系统将进行数据计算，并在界面中列出各指标的计算完成信息，污染量核算完成后，顶部操作界面"第二步污染量核算"后的箭头会变成绿色，此时可以打开"第三步结果输出"界面，如图 9-32 所示。

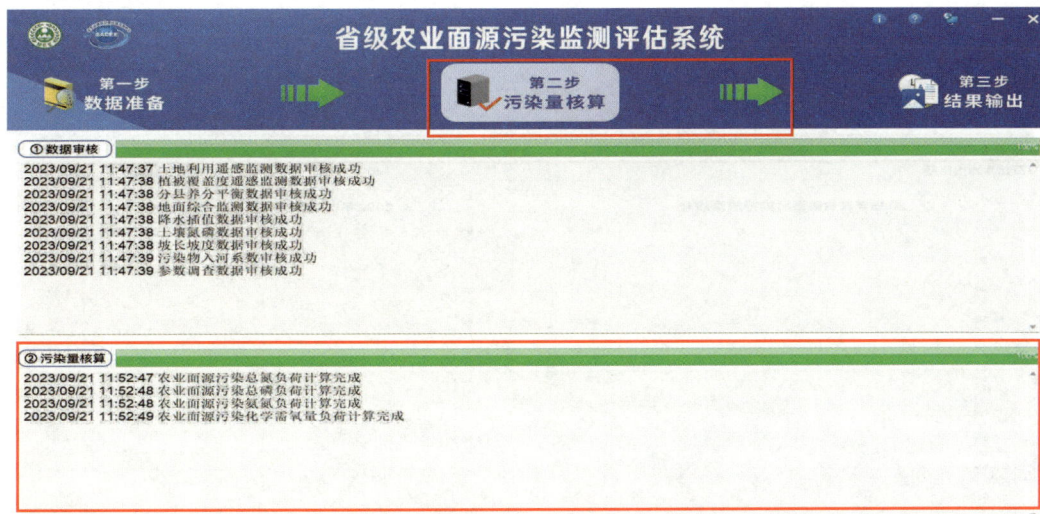

图 9-32　污染量核算

3.6　结果输出界面

在污染量核算完成后，顶部操作界面中"第二步污染量核算"后的箭头会变成绿色，此时点击"第三步结果数据"按钮，可打开结果输出界面，此界面共包含"计算信息""输出路径""结果输出"三项内容，如图 9-33 所示。

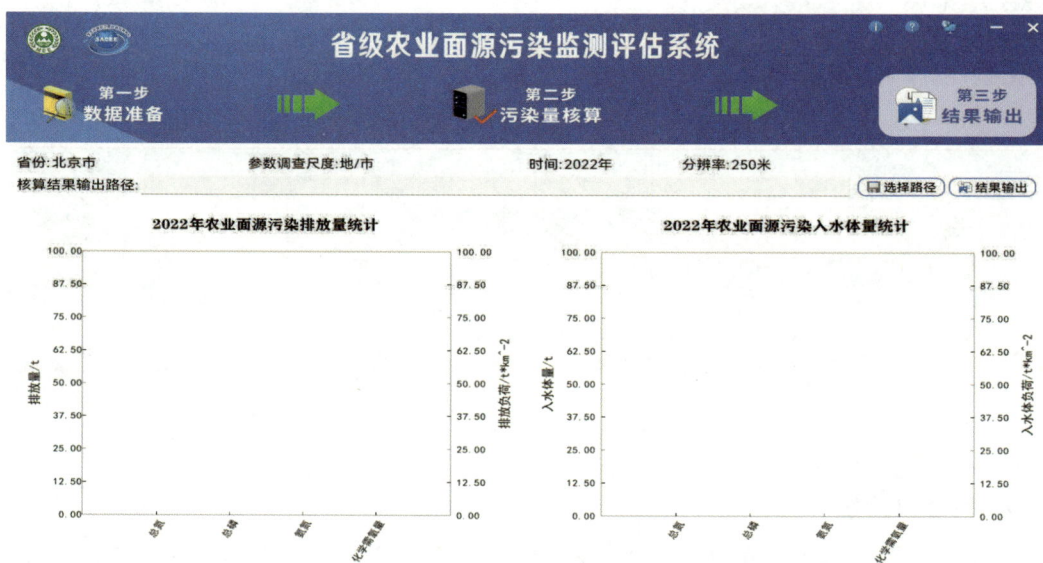

图 9-33　结果输出界面

3.6.1　计算信息

计算信息包含本次计算的省份、参数调查尺度、时间、分辨率等信息，如图 9-34 所示。

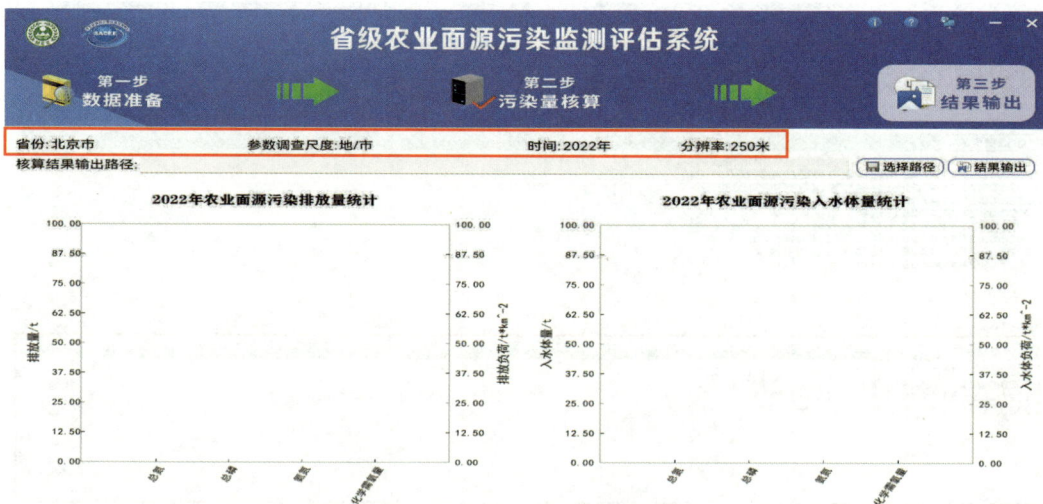

图 9-34　计算信息

3.6.2　输出路径

　　点击"选择路径"按钮，可选择核算结果输出数据的存储路径，如图 9-35 所示。

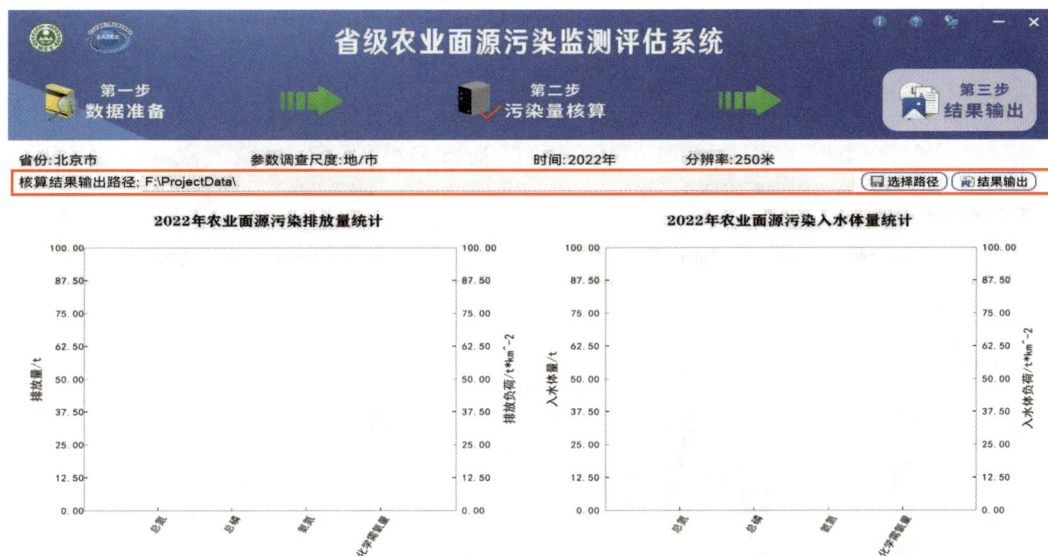

图 9-35　输出路径

3.6.3　结果输出

　　点击"结果输出"按钮，可将输出的结果存储到核算结果输出路径中，并通过直方图、折线图等图形方式展示农业面源污染排放量和入水体量的统计情况，如图 9-36 所示。

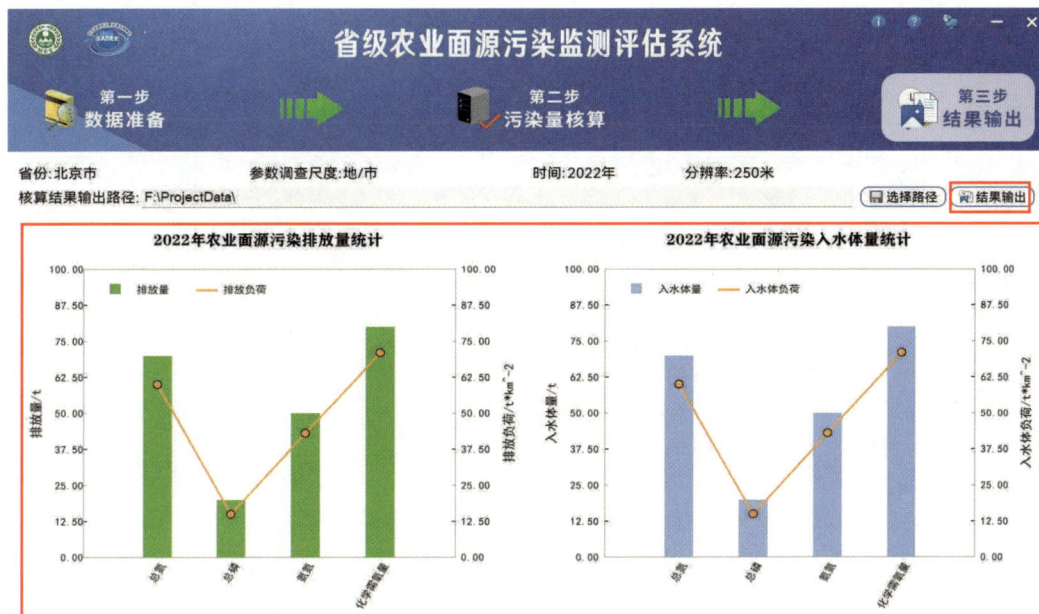

图 9-36　结果输出

农业面源污染排放量和入水体量的统计情况（直方图和折线）支持鼠标交互查询具体统计数据，如图 9-37 所示。

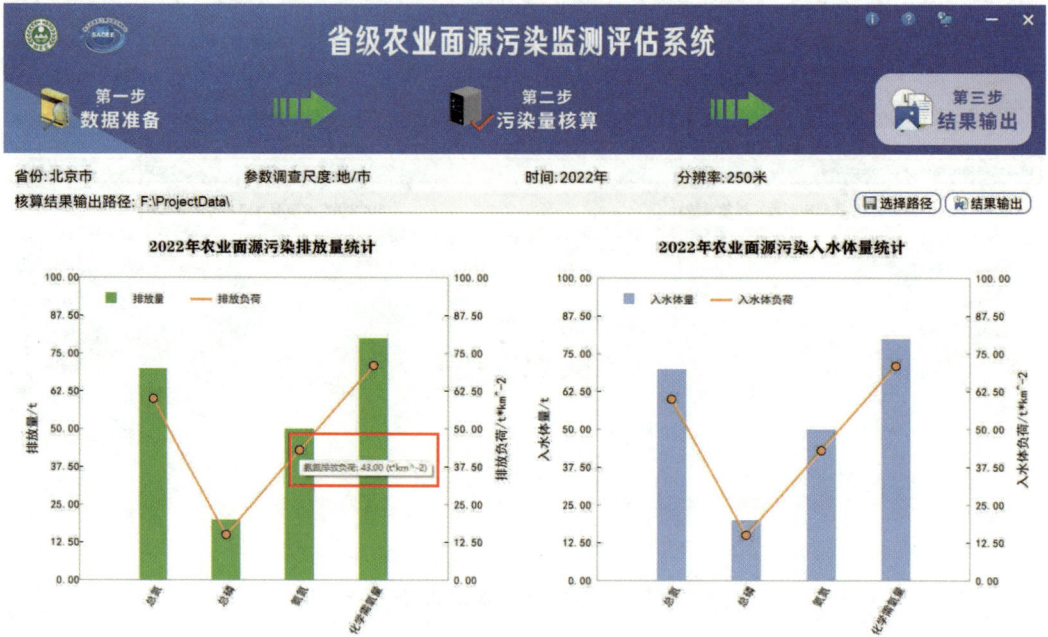

图 9-37　可视化交互查询